28天面对面学维修丛书

28天
面对面学维修
——空调器

张新德 张泽宁 等编著

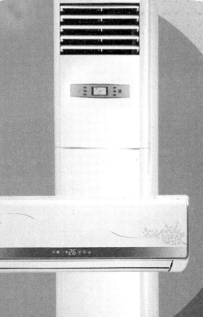

四周从菜鸟到高手

从徒弟到师傅一读到位

学徒快速成长的秘籍

蓝领工人在线培训

机械工业出版社
CHINA MACHINE PRESS

本书共5章，按28天的课时设计细分内容。从面对面学空调器维修的准备工作、菜鸟级入门知识到高手级面对面维修方法和技巧，将空调器维修的基础知识和基本技能按天数与专项知识点设计和细分，再将前面介绍的基础知识应用到面对面的实训教学中来。本书全面介绍了空调器（定频空调器、变频空调器）维修工具的选购，工作场地的搭建，工具的挑选、购买和普适操作，元器件的识别、检测、代换，空调器工作原理、实物组成、芯片级维修操作要领，换板维修操作要点，菜鸟级维修入门图说，高手级维修技能图说，空调器的维修技巧、空调器各大品牌的通病和典型故障的面对面实训等维修中必不可少的实用知识和技能。第5章还给出了空调器维修开店指导等内容。

　　读者对象：技师学院和维修培训学校空调器领域师生、空调器维修学徒工、业余自学空调器维修人员、空调器维修岗位短训学员、空调器售后人员和清洗保养技师，也可作为空调器领域蓝领工人在线培训教材。

图书在版编目（CIP）数据

28 天面对面学维修. 空调器/张新德等编著. —2 版. —北京：机械工业出版社，2016.6

（28 天面对面学维修丛书）

ISBN 978-7-111-53998-8

Ⅰ. ① 2… Ⅱ. ①张… Ⅲ. ①空气调节器－维修 Ⅳ. ①TM925.07

中国版本图书馆 CIP 数据核字（2016）第 128111 号

机械工业出版社（北京市百万庄大街 22 号　邮政编码 100037）
策划编辑：顾　谦　　　　　责任编辑：顾　谦
责任校对：杜雨霏　张玉琴　封面设计：路恩中
责任印制：常天培
北京中兴印刷有限公司印刷
2016 年 7 月第 2 版第 1 次印刷
184mm×260mm · 12.75 印张 · 371 千字
0 001—3 000 册
标准书号：ISBN 978-7-111-53998-8
定价：45.00 元

丛 书 序

目前我国家电服务维修行业的从业人员有 20 多万，但维修行业总体水平和从业人数总量还是偏低，这种状况与家电维修服务快速增长的要求有较大差距。随着电器种类和品类的增加，电器维修培训市场越来越大，需要有更多的维修人员加入维修服务的行业。目前维修培训类的图书种类繁多，但大多局限于传统的教材模式。为适应现代快节奏生活和工作模式，电器维修培训市场对学员的学习时间和每天的学习任务提出了更为细分、高效的快节奏要求，以便使培训学员达到快速学会、学后即用的培训效果。为此，通过市场调查，我们特组织编写了"28 天面对面学维修丛书"，本丛书既体现了一天一学的特色，又体现了面对面学维修的直观性。希望本丛书的出版能够为广大读者带来帮助，让广大读者从徒弟到师傅一读到位，28 天从菜鸟到高手，真正起到28 天速达开店水平的功效。

本丛书的特点和目标：

阶梯式教学，引领菜鸟到高手；

在线式培训，引领蓝领到技工；

手把手教学，引领学徒到师傅；

开店式指导，引领师徒到店主。

通过阅读本丛书，既可使广大学员如临教室般面对面从零开始入门学习，又可使广大学员一天学到一个专项维修技术。既体现了教学内容的细分、具体和循序渐进，又体现了教学程序的与日俱进。学员只需不到一个月的时间（因专项内容长短不一，同一项内容不好拆分，均安排到一天，具体教学时一天的内容可根据实际课时进行拆分）就能完全面对面掌握一种电器的拆卸、维修基础入门和技能技巧，虽然有点紧迫，但很有成就感。希望本丛书的出版能达到使广大菜鸟级学员迅速学成高手级这一编写目标，并为提高电器维修培训的质量和效率做一点贡献。

前　言

本书全面、系统地介绍了空调器（定频空调器、变频空调器）菜鸟级维修入门图说、高手级维修技能图说、空调器的维修技巧、各大品牌的通病和典型故障的面对面实训等实用知识和技能。本书中每一天的课程均设计了学习目标、面对面学和学后回顾三大版块，课前将当天的学习目标呈现给大家，方便学员在面对面学中有的放矢地学习，课后将当天的内容精华以提问的形式提出来供学员思考。以使广大的读者达到学习目的明确、学习内容直观、学习重点突出的效果。全书采用了大量插图进行面对面直观说明，对重要的知识点予以点拨提示，并在每一天的学后回顾中列举了该课所学知识点的精要提问，给学员留下课后作业，目的是强化读者阅读、理解和记忆当天所学的知识。

本书所测数据，如未作特殊说明，均采用 MF-47 型指针式万用表和 DT9205A 型数字万用表测得。需要说明的是，为方便读者维修时查找资料保持原汁原味，本书严格保持参考应用电路及各厂家电路图形和文字符号标注的原貌，除原理性介绍电路外，实际电路并未按国家标准进行统一，这点请广大读者注意。

本书在编写和出版过程中，得到了机械工业出版社领导和编辑的热情支持和帮助，王灿、刘玉华、王娇、刘桂华、周志英、张云坤、陈金桂、罗小姣、张利平、张美兰、王光玉、张新春、袁文初、刘淑华等同志也参加了部分内容的编写等工作，值此出版之际，向这些领导、编辑、参编者、本书所列电器生产厂家及其技术资料编写人员和同仁一并表示衷心感谢！

由于作者水平有限，书中不妥之处在所难免，敬请广大读者给予批评指正。

编著者

目　　录

第1章
面对面学空调器维修准备

一、学习目标

今天主要学习空调器维修工具的选购与使用两大内容。空调器的维修工具很多，今天主要介绍空调器专用维修工具的选购和使用，其他通用维修工具因使用比较简单，不再介绍。通过今天的学习要达到以下学习目标：

1）了解空调器检修、加工专用工具的种类。

2）掌握如何选购空调器维修工具、各工具的购买价格大概是多少、如何挑选。

3）熟知如何使用空调器专用维修工具、有哪些注意事项。今天的重点就是要特别掌握如何使用空调器专用维修工具，这是空调器维修中经常要用到的一种基本知识。

二、面对面学

（一）钳形电流表的选购与使用

钳形电流表俗称钳表或卡表，如图1-1所示，它可以测量交流或直流电压、交流电流、电阻等。

一般情况下如果对空调器的电流进行测量，需要断开电路才可以，而钳形电流表最大的特点是不需要断开电路，一样可以实现对被测物的电流进行测量。而对于正常运行的空调器是不运行断路的，因此钳形电流表也就特别方便有用。新的维修人员，在选购钳形电流表时可以选择一些性价比高的品牌。

新手在使用钳形电流表时，应注意以下事项：

1）在使用前应仔细阅读说明书，弄清是交流还是交直流两用。

2）被测电路电压不能超过钳形电流表上所标明的数值，否则容易造成接地事故，或者引起触电危险。

3）每次只能测量一相导线的电流，被测导线应置于钳形窗口中央，不可以将多相导线都夹入窗口测量。

4）使用钳形电流表测量前应先估计被测电流的大小，再决定用哪一个量程。若无法估计，可先用最大量程档，然后适当换小一些，以准确读数。不能使用小电流档去测量大电流，以防损坏仪表。

5）钳口在测量时闭合要紧密，闭合后若有杂音，可打开钳口重合一次，若杂音仍不能消除，应检查磁路上各接合面是否光洁，有尘污时要擦拭干净。

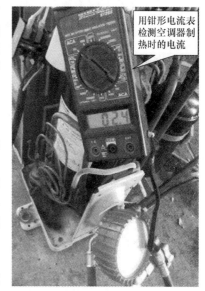

用钳形电流表检测空调器制热时的电流

图1-1 钳形电流表

6）由于钳形电流表本身精度较低，在测量小电流时，可采用下述方法：先将被测电路的导线绕几圈，再放进钳形电流表的钳口内进行测量。此时钳形电流表所指示的电流值并非被测量的实际值，实际电流应当为钳形电流表的读数除以导线缠绕的圈数。

（二）修理阀的选购与使用

修理阀常用于空调器抽真空、充注制冷剂及测试压力。其有三通修理阀和复式修理阀（又称仪表分流器）两种（见图1-2）。其中，三通修理阀由阀帽、阀杆、旁路电磁阀接口、制冷系统管道接口、压缩机接口等组成，它配有压力表，其正压最大量程一般为 0.9 ~ 2.5MPa，负压均为 0 ~ 0.1MPa。

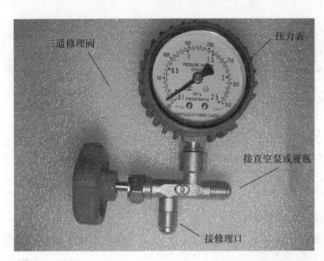
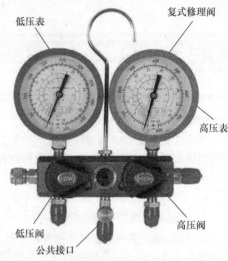

图1-2　两种修理阀外形结构

复式修理阀相当于两个三通修理阀的组合，主要由低压阀（用来控制低压表与公共接口的开关）、高压阀（用来控制高压表与公共接口的开关）、低压表、高压表组成，阀中间由一个三通相连，中间有一个公共接口，作为加注制冷剂、机油等操作之用。阀门的顺时针为开启，反之为关闭。可利用高、低压表的压力来判断设备的冷凝器的散热、蒸发器的温度以及设备内部的制冷剂是否过多或过少。

目前，采用 R22 有氟制冷剂的空调器，通常使用三通检修表阀充注制冷剂，三通检修表阀的优点是体积小、携带方便，适合检修空调器简单故障和上门维修。变频空调器采用的制冷剂为 R410a 新型冷媒，充注制冷剂应采用专用的复合表阀和使用 R410a 专用真空泵进行操作。因此在选购修理阀时，最好将两种修理阀都配齐。

新手在使用复式修理阀抽真空时，应注意以下事项：

1）将低压表下端的接头连接设备的低压侧，高压表下端的接头连接到设备的高压侧，将公共接口连接到真空泵的抽气口。

2）低压侧充注制冷剂时，公共端连接制冷剂的钢瓶，低压接口连接设备的低压侧（气态加注），用高压接口来排除公共接口软管内的空气。

3）高压侧充注制冷剂时，公共端连接制冷剂的钢瓶，高压接口连接设备的高压侧（液态加注），用低压接口来排除公共接口软管内的空气。

4）加冷冻油时，将设备内部抽至负压，把公共端的软管放入冷冻油内（装冷冻油的容器应高于设备），打开低压阀，利用大气的压力将冷冻油抽入设备内。

（三）真空泵的选购与使用

真空泵（见图1-3）是用来抽去制冷系统内的空气和水分的。由于系统真空度的高低直接影响到空调器的质量，因此在充注制冷剂之前，都必须对制冷系统进行抽真空处理。反之，

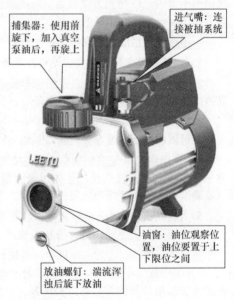

图1-3　真空泵外形结构

当系统中含有水蒸气时，系统中高、低压的压力就会升高，在膨胀阀的通道上结冰，不仅会妨碍制冷剂的流动，降低制冷效果，而且增加了压缩机的负荷，甚至还会导致制冷系统不工作，使冷凝器压力急剧升高，造成系统管道爆裂。

真空泵上有吸气口和排气口，使用时，吸气口通过真空管与三通修理阀压力表连接。在安装或维修空调器时，一般选用排气量为2L/s，且带有R410接头的变频空调器专用真空泵，价格在200~300元，地处偏远的县市可从网络上购买。

新手使用真空泵要注意油位变化，油位太低会降低泵的性能，油位太高则会造成油雾喷出。当油窗内油位降至单线油位线以下5mm或双线位线下限以下时，应及时补加真空泵油。

真空泵使用操作步骤如下：

1）首先取下进气帽，连接被抽容器，所用管道宜短。

2）检查进气口连接处是否拧紧，被抽容器及所用管道是否密封可靠，不得有渗漏现象。

3）取下捕集器上的排气帽，打开电源开关，泵开始起动运行。

4）泵使用结束后，关闭泵和被抽容器间的阀门。

5）关闭泵上的电源开关，拔下电源插头。

6）拆除连接管道。

7）最后盖紧进气帽及排气帽，防止脏物或者漂浮颗粒进入泵腔。

（四）扩口器的选购与使用

在对空调器管路进行焊接，或将管路与阀门进行连接时，需要将其中的一条管路的管口扩成杯形或喇叭形，这就需要使用专用的工具进行扩管，即扩口器，如图1-4所示。

选购扩口器选择使用长手柄使90°圆锥下压以获得相应的喇叭口，此种扩口器操作方便，非常适合新手，购买价格为30～70元，地处偏远的县市可从网络上购买。

下面介绍新手使用扩口器操作方法及使用注意事项：

1. 扩喇叭口操作要领

1）首先选择好合适的扩口支头和夹板。

2）将铜管放在夹板中，并将固定螺母拧紧。铜管露出夹板的长度与铜管壁至夹板斜面的长度相同。

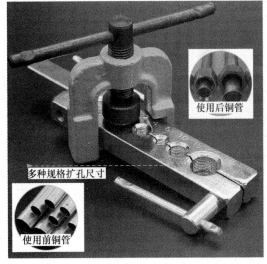

图1-4　扩口器

3）顶压器上的锥形支头换成扩喇叭口所用的扩口支头，替换时，同样要注意锥形支头内部的钢珠，不要丢失。按照与扩杯形口相同的方法，将顶压器顶压住管口，进行扩管操作。

4）管口被扩成喇叭形后，就可以将其从夹板中取下。

5）扩管时，铜管直径不同，其露出夹板的长度也不尽相同，需要根据实际情况进行调整。在顶压管口时，用力不当会使管口出现歪口、裂口等现象。操作中如果出现这种情况，就要将损坏部分切割下来，然后重新进行扩口操作。

2. 扩杯形口操作要领

1）首先根据需要扩口的铜管直径来选择合适的夹板和锥形支头。

2）松开夹板上的紧固螺母。

3）将铜管放在合适的孔径中，并使铜管露出夹板的长度要与锥形支头的长度相等。

4）将夹板上的紧固螺母拧紧，使铜管固定在夹板中。

5）选择合适的锥形支头安装在顶压器上。若顶压器上安装有以前使用过的锥形支头，那么在拆下时要注意锥形支头内部的钢珠，以防丢失。

6）锥形支头安装好后，将顶压器垂直顶压在管口上，并使顶压器的弓形脚卡住扩口夹板。

7）沿顺时针方向旋转顶压器顶部的顶压螺杆，直到顶压器的锥形支头将铜管管口扩成杯形。

8）铜管管口扩成杯形后，将顶压器从夹板上卸下。

9）松开夹板上的固定螺母，即可将铜管取下。

（五）切管器的选购与使用

空调器制冷管路的切割要求十分严格，普通的切割方法会使铜管产生金属碎屑，这些碎屑可能会造成制冷管路的堵塞。因此，切割管路时必须使用切管器进行切割。

切管器实物如图 1-5 所示。购买时应选择割刀的规格为 3~35mm，价格在 30~70 元。

切管器是用在维修空调器管路检测过程中常用到的加工方法。新手使用切管器在切管过程中，要始终注意滚轮与刀片要垂直压向铜管，绝不能侧向扭动。还要防止进刀过快、过深，以免崩裂刀刃或造成铜管变形。操作方法及注意事项如下：

> 使用要点：1.拧紧调节螺杆，第一道一定不能拧得太紧，要注意轨迹的运动路线，手要控制好割刀的运动路线，再旋转一周(割第一圈的时候刀片与铜管不能拧得太紧，以防跑偏轨道)。
> 　　2.割刀与铜管要保持垂直角度，手加力的时候也要顺着铜管垂直加力，力量不能偏移左右两边，否则会导致割刀的轨迹偏移，不在一条直线上。

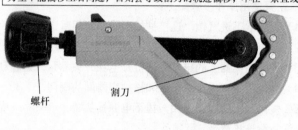

图1-5　切管器

（螺杆）　（割刀）

1）准备好切管工具和待切割材料后。先旋转切管器的进刀旋钮，调整刀片与滚轮的间距，使其能够容下需要切割的管路。

2）将需要切割的铜管放置于刀片和滚轮之间，保证铜管与切管器的刀片相互垂直，然后缓慢旋转切管器末端的进刀旋钮，使刀片垂直顶在铜管的管壁上。

3）用手抓牢铜管，以防止铜管脱滑，然后转动切管器，使其沿顺时针方向绕铜管旋转，当切管器的刀片绕铜管旋转一周后，旋转切管器末端的进刀旋钮，使刀片始终顶在铜管上。旋转切管器时，要保证刀片与铜管保持互相垂直。

4）继续转动切管器，用刀片切割铜管管壁的同时调节进刀旋钮。每转动一周就要调节一次进刀旋钮，并且每次的进刀量不能过大，直到将铜管切断。

5）铜管切割好后，在铜管的管口上会留有些许毛刺，此时可使用刮管刀将这些毛刺去除。将刮管刀旋出后，将铜管的管口放在刮管刀上来回移动，直到管口平滑无毛刺为止。

三、学后回顾

通过今天的面对面学习，对空调器维修工具的选购与使用有了直观的了解和熟知，在今后的实际使用和维修中应回顾以下 3 点：

1）维修空调器主要要用到哪些专用工具？＿＿＿＿＿＿＿＿＿＿＿＿＿＿＿＿＿＿＿＿＿。

2）如何选购空调器维修专用工具？＿＿＿＿＿＿＿＿＿＿＿＿＿＿＿＿＿＿＿＿＿。

3）如何使用空调器维修专用工具？＿＿＿＿＿＿＿＿＿＿＿＿＿＿＿＿＿。还应注意哪些事项？＿＿＿＿＿＿＿＿＿＿＿＿＿＿＿＿＿＿＿＿＿。

第2天　空调器维修场地的搭建与维修注意事项

一、学习目标

今天主要学习空调器维修场地的搭建与维修注意事项，通过今天的学习要达到以下学习目标：

1）了解空调器维修工作台的搭建要求，要做到哪些防静电措施？

2）掌握空调器维修场地的搭建与维修注意事项。

3）熟知空调器气焊设备的操作规程。今天的重点就是要特别掌握空调器维修场地的搭建与维修注意事项，这是空调器维修中经常要用到的一种基本知识。

二、面对面学

（一）维修场地的搭建

1. 维修工作台的搭建及注意事项

对空调器电路中的元器件检测，应在专用的工作场地和工作台上进行，并采用专用的检测工具进行检测。在拆卸空调器上的元器件时，应先断开空调器的所有电源，以免导致人身伤害或损坏设备。必须要在加电的情况下进行测试时，应注意人体不能与空调器内部任何导电元器件发生接触。

合格的维修工作台应使用导电泡沫垫板，并在维修操作时佩戴防静电手套，同时应佩戴防静电手环。

（1）防静电手套的选用及注意事项

防静电手套如图 1-6 所示，通常采用防滑、抗 ESD（静电释放）材料制成。它具有减少静电电荷产生、积累的特性。

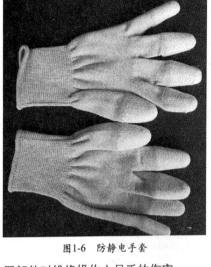
图1-6　防静电手套

防静电手套的主要作用是在对空调器的拆装或检测过程中，防止人体产生的静电对电子元器件可能造成的损害。另外还可防止金属部件对维修操作人员手的伤害。

选用防静电手套应注意以下事项：

1）防静电手套不具有耐高温、绝缘性能，不得用于高温作业场所，绝对不允许作为绝缘手套使用。

2）防静电手套一旦割破，会影响防护效果，请勿使用。

3）防静电手套在存储时应保持通风干燥，防止受潮、发霉。

4）使用防静电手套过程中，禁止接触腐蚀性物质。

（2）防静电手环的选用及注意事项

防静电手环如图 1-7 所示，由防静电松紧带、活动按扣、弹簧软线、保护电阻及夹头组成。松紧带的内层用防静电纱线编织，外层用普通纱线编织。

防静电手环与防静电地线连接，构成"静电释放通路"，用以释放人体所带有的静电荷，可有效保护空调器中的元器件等，免于受静电伤害。

防静电有线手环的原理是通过腕带及接地线将人体的静电导到大地，其两端直流阻抗范围应该满足 $0.8 \sim 1.2 \mathrm{M}\Omega$ 的要求。戴上防静电手环，它可以在 0.1s 内安全地除去人体产生的静电。佩戴方法如图 1-8 所示，必须与皮肤接触，并确保接地线有效接地，即与必须与台垫连接好，这样才能发挥最大功效。

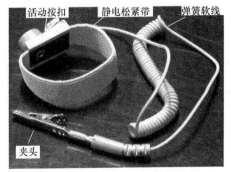

活动按扣　静电松紧带　弹簧软线

夹头

图 1-7　防静电手环

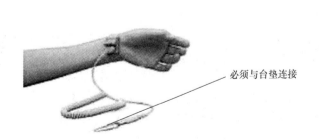

必须与台垫连接

图 1-8　防静电手环佩戴方法示意图

在维修过程中由于频繁接触空调器各类元器件，极易产生静电放电。因此防静电还应注意以下安全事项：

1）为了确保人身安全，操作人员和被操作设备都应采用软接地方式。

2）禁止将市电电源地线直接与防静电工作台面地线连接。

3）绝对禁止上门维修时将防静电手环接头插入市电地线插孔，或将市电地线作为大地地线使用。

4）备件应放入防静电袋中。

5）上门维修没有防静电工作台，应用手接触暖气或自来水管，来释放人体所带的静电，如图1-9所示。

没有暖气管时（如南方地区），可以通过触摸自来水管释放静电

图1-9　上门维修释放人体所带的静电示意图

2. 气焊设备的操作规程及注意事项

（1）气焊设备的组成

维修空调器管路时，常使用气焊设备对管路进行拆焊与焊接操作，气焊设备主要由燃气瓶、氧气瓶和焊枪组成，如图1-10所示。

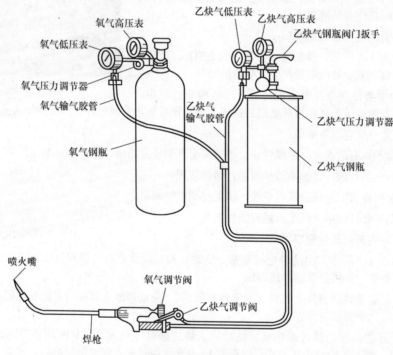

图1-10　气焊设备的组成

焊接设备在不使用时应妥善地放置在工具箱中，以防损伤。

（2）气焊设备的使用方法

在焊枪的手柄上有两个端口，这两个端口都通过连接软管与相应的燃气瓶和氧气瓶相连。焊枪的握柄处设置有燃气控制旋钮和氧气控制旋钮，用来调节燃气和氧气的使用量。焊接时通过对两个控制旋钮的调节来改变火焰的大小。

在氧气瓶的上部安装有阀门和检测仪表。总阀门位于氧气瓶的顶部，用来控制氧气的输出／截止；输出控制阀门也叫做减压阀，用来控制氧气的输出量；在瓶口处还设置有输出压力表（有些氧气瓶上还会设置一个总压力表），用来指示输出的氧气量。

燃气瓶的内部装有焊接时所需的液化石油气（乙炔燃气）。其侧面阀门是燃气瓶的控制阀门，用来控制液化石油气的流量；输出压力表可指示出液化石油气的输出量。

（3）焊接技能及注意事项

经过气焊设备焊接的管路外表圆滑、连接可靠，并且管路不易发生泄漏、堵塞等现象。焊接空调器管路方法及注意事项如下：

1）焊接管路之前，先打开氧气瓶总阀门，通过氧气瓶控制阀门调整氧气输出压力，使压力表显示的氧气输出压力保持在 2kgf[⊖] 以下，然后再打开燃气瓶总阀门，通过该阀门使燃气输出压力保持在 5kgf 以下。

2）先打开焊枪上的燃气控制旋钮，然后将打火机置于枪嘴下方 3cm 左右的地方进行点燃，再打开氧气控制旋钮，通过调节两个控制旋钮，使火焰呈中性焰形态，以便达到理想的焊接温度。中性焰焰长 20~30cm，其外焰呈天蓝色，中焰呈亮蓝色，内焰呈蓝色。

3）将调好火焰的焊枪对准铜管的焊口均匀加热，并来回移动。当铜管被加热到呈暗红色时，将焊条放到焊口处，利用中性焰的高温将其熔化，待焊条熔化并且均匀地包裹在两根铜管的焊接处时，焊接操作就完成了。

4）焊接完成后，先关闭焊枪上的氧气控制旋钮，然后关闭燃气控制旋钮，将火焰熄灭。再将氧气瓶的总阀门和燃气瓶总阀门关闭。

5）点燃焊枪时，要注意不要将氧气和燃气控制旋钮开得过大，若氧气控制旋钮开得过大，焊枪会出现回火现象；若燃气控制旋钮开得过大，会出现火焰离开焊嘴的现象。

6）调节焊枪火焰的过程中，若氧气或燃气开得过大，火焰会成为不适合焊接的过氧焰或碳化焰。其中过氧焰温度高，火焰逐渐变成蓝色，焊接时会产生氧化物；而碳化焰的温度较低，无法焊接管路。

7）禁止在没有安装压力表或压力表发生故障的情况下使用该设备。

8）禁止在该设备上方进行焊接。

（二）维修注意事项

1）在检修变频空调器时，由于滤波电容器容量大（一般在 1500~3000μF），放电时间长，加之故障机往往耗电回路已经烧断，放电速度相对更加缓慢。因此在检修前需要对电容进行放电，防止损坏仪表和电击事故的发生。在放电时，禁止直接用导线短接电容两端，而应该用大功率电阻或灯泡并联在电容两端进行放电。这样做的目的一是为了操作人员的人身安全，防止被电击，同时是为了避免新更换的模块，在安装时被高压打坏。

2）更换主板时选取正确的主板编码、型号；更换前检测主板配件关键元器件；确认整机已断电，且主板电容残电已放完毕；正确装配电器盒。更换压缩机时必须查清故障机型的压缩机型号（风扇电动机电容上面贴有压缩机型号标签），选择完全一致的压缩机进行更换，不能单纯只根据机型来判断压缩机型号。否则，会造成压缩机与控制器不匹配、压缩机不起动或者产生模块保护故障。

3）更换变频空调器的室外机控制器主板前，必须确认其是合格品之后方可进行更换，防止由于更换的主板本来就是有故障的，以至于影响后续的维修。需进行的测试如下：①测试 IGBT 的 3 个引脚中任意两个引脚之间是否存在短路现象，若有，则此空调器的室外机主板不能使用；②测试直流母线的 P、N 之间是否短路，若有，则此空调器的室外机主板不能使用；③测试 U、V、W 与 P 之间，U、V、W 与 N 之间是否存在短路现象，6 次测试中任意一次短路，该主板均不能继续使用。

4）安装空调器应检查各线不能碰管，不能碰电磁四通阀体，不能碰压缩机体，不能碰钣金件锐边。压缩机的地线、风扇电动机的地线、电器盒的地线必须单独打在一个地线螺钉孔，严禁一孔打多线。

5）切实做好电器盒的防水、防潮、防静电措施，在电器盒拆卸和安装过程中必须佩戴静电手环，在扎线过程中尽量不要碰元器件。

6）严格按照变频电器盒部件维修的走线以及扎线方式安装，各线的插簧必须插到位，严禁虚插、错插、漏插。扎线，严禁配线的两端拉得过紧，要求留有一定的松度，以免配线因被拉过紧脱离插片、连接器或感温包套管等。线扎头留长 3~5mm，防止线扎头过长摩擦盖板发出异响。

7）正确连线，并做好安全防护按照线路图进行接线，接线要牢靠，防止划伤，严禁虚插；扎线时配线

⊖　1kgf = 9.80665N。

的两端不能拉得过紧，以防端子松脱；线扎头留长 3~5mm，防止过长摩擦盖板发出异响；电器盒原带的各胶圈要重新装回去并用线扎扎好，防止长期运行后带来隐患；注意防水、防潮、防静电，维修过程中手不得触碰主芯片等静电敏感电子元器件。

8）维修完成后需接好所有地，地线需单独打在一个地线螺钉孔，严禁一孔打多根地线，如图 1-11 所示，否则会造成接地不可靠，产生漏电等电气安全隐患；维修完成后测试绝缘电阻合格后方可开机运行。

9）焊接空调器管路过程中要尽量快，并且保证缠包的棉纱布一直湿润，注意焊焰不要烧坏压缩机引线等。拆任何管路件或压缩机前，确保机内已无制冷剂。

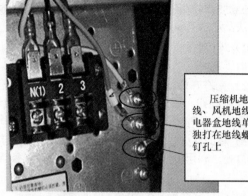

压缩机地线、风机地线、电器盒地线单独打在地线螺钉孔上

图1-11 地线安装位置

三、学后回顾

通过今天的面对面学习，空调器维修场地的搭建与维修注意事项有了直观的了解和熟知，在今后的实际使用和维修中应回顾以下 3 点：

1）空调器维修场地的搭建要求是怎样的？_____。要做好哪些防静电措施？_____。

2）如何正确使用气焊设备？要注意哪些事项？_____。

3）空调器维修要注意哪些事项？_____。

第3天 空调器清洗方法与步骤

一、学习目标

今天主要学习空调器清洗方法与步骤，这是家电维修市场新增长的一项维护服务项目，通过今天的学习要达到以下学习目标：

1）了解空调器清洗的必要性。

2）掌握空调器清洗方法与步骤。

3）熟知空调器清洗需要注意哪些事项。今天的重点就是要特别掌握空调器清洗方法与步骤，这是空调器维修中经常要用到的一种基本知识。

二、面对面学

（一）整机及过滤网的清洗方法与步骤

空调器经过一段时间运转，过滤网、散热器等部位和污垢堵塞，换热效率降低，制冷效果差，滋生细菌，产生异味，危害健康。家用空调器清洗有利于提高制冷、热效率，延长家用空调器设备的寿命，提高节能效果。

下面以壁挂式分体空调器为例介绍整机及过滤网的清洗方法及注意事项：

1）为了安全起见，在清洁工作开始之前，请切断空调器主电源。

2）首先用吸尘器或用清洁的软布擦拭机壳。如果这些部件非常脏，可用干净的软布蘸中性洗涤剂擦拭，清洁外壳时，注意不要太用力而使叶片脱离原来的位置。

3）置于前面板下的防霉过滤网应该至少每隔两周进行一次检查和清洁。拆卸防霉过滤网时，抓住前面板的两边向上拉开，将防霉过滤网向上微推，然后向下拉，如图1-12所示。使用吸尘器将细小的灰尘吸去，如果防霉过滤网很脏，可用温热的肥皂水清洗，然后用干纱布擦干。

4）安装防霉过滤网时，将防霉过滤网稍往上推，然后往下按拉。安装好防霉过滤网后，合上前面板，如图1-13所示。

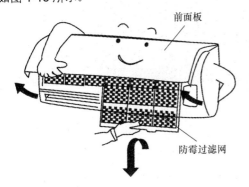

图1-12　拆卸防霉过滤网

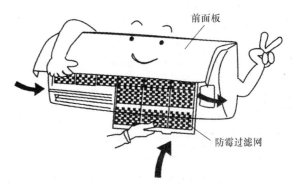

图1-13　安装防霉过滤网

5）清洁时注意勿将水浇在室内机上，否则将损坏内部元器件或导致触电事故。

6）切忌用烈性的化学制品或溶剂进行清洁，清洁塑料外壳时不要使用过热的水。

（二）制冷系统的清洗方法与步骤

在空调压缩机的电动机绝缘击穿、匝间短路或绕组烧毁以后，由于电动机烧毁后产生大量酸性氧化物而使制冷系统受到污染。因此，除了要更换压缩机、毛细管与干燥过滤器之外，还要对整个制冷系统进行彻底的清洗。

制冷系统的污染程度可分为轻度与重度。轻度污染时制冷系统内冷冻油没有完全污染，从压缩机的工艺管放出制冷剂和冷冻油时，油的颜色是透明的。若用石蕊试纸试验，油呈淡黄色（正常为白色）。重度污染是严重的，当打开压缩机的工艺管时，立即可闻到焦油味，从工艺管倒出冷冻油，颜色发黑，用石蕊试纸浸入油中，5min后，纸的颜色变为红色。

空调系统清洗需要用到空调器专用清洗机和清洗剂R113，如图1-14所示。清洗前先放出制冷系统管路内的制冷剂，拆卸压缩机，从工艺管中放出少量冷冻油检查其色、味，并看其有无杂质异物，以明确制冷系统污染的程度。清洗方法及步骤如下：

1）首先将清洗剂R113注入液槽中。

2）起动空调器专用清洗机，使之运转，开始清洗。

3）对于轻度的污染，只要循环1h左右即可。

4）而严重污染的，则需要3~4h。

5）洗净后，清洗剂可以回收，但经处理后方可再用，在贮液器中的清洗剂要从液管回收。若长时间清洗，清洗剂已脏，过滤器也会堵塞脏污，应更换清洗剂和过滤器后再进行。

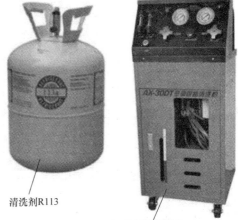

清洗剂R113

空调器专用清洗机

图1-14　空调器专用清洗机和清洗剂R113

6）清洗完毕，应对制冷管路进行氮气吹污和干燥处理。过滤器和泵在干燥处理时一定要与管路部分断开，并在液压管、吸液管的法兰盘上安装盲板，然后用真空泵对系统进行抽真空，在抽真空过程中，要同时给制冷管路外面吹送热风，以利于快速干燥。

7）最后将制冷管路按原样装好，更换新的压缩机和过滤器。

8）需要注意的是，为了避免清洗剂的泄漏，应采用耐压软管，接头部分一定要用胶带包扎紧密。

三、学后回顾

通过今天的面对面学习，对空调器清洗方法与步骤有了直观的了解和熟知，在今后的实际使用和维修中应回顾以下两点：

1）空调器防霉过滤网的清洗方法与步骤是怎样的？＿＿＿＿＿＿＿＿＿＿＿＿＿＿＿＿＿＿＿＿

2）空调器制冷系统的清洗方法与步骤是怎样的？＿＿＿＿＿＿＿＿＿＿＿＿＿＿＿＿＿＿＿＿

第4天　变频空调器拆机方法与步骤

一、学习目标

今天主要学习变频空调器拆机方法与步骤，通过今天的学习要达到以下学习目标：

1）了解变频空调器室内机、室外机的结构组成，全部部件名称。

2）掌握变频空调器室内机、室外机拆机方法与步骤。

3）熟知变频空调器的拆机要点和注意事项。今天的重点就是要特别掌握变频空调器拆机方法与步骤，这是空调器维修中经常要用到的一种基本知识。

二、面对面学

下面以格力福乐园系列变频空调器（分体机）为例，介绍变频空调器拆机方法与步骤。

（一）室内机的拆机方法与步骤

格力福乐园系列变频空调器室内机分解图及零部件清单如图 1-15 所示，拆卸步骤如下：

1. 拆面板

如图 1-16 所示，向上掀开面板，将面板从卡槽中滑出，即可取下面板。

2. 拆网罩

将网罩稍往后推滑出卡扣，即可向前取下网罩，如图 1-17 所示。

3. 拆导风板

稍用力往中间方向弯曲，即可滑出两边的卡扣，然后掰开中间卡扣，即可取下导风板，如图 1-18 所示。

4. 拆面板体

按下面板体上的 3 颗螺钉，从背面的卡扣上即可取下面板体，如图 1-19 所示。

5. 拆电器盒盖

将电器盒顶盖取下后，即可从底部卡扣上取下电器盒，如图 1-20 所示。

6. 拆电器盒部件

拧下电器盒部件上的 4 颗螺钉，剪去线夹，把相关的线拔下，即可取下电器盒部件，如图 1-21 所示。

7. 拆蒸发器和电动机压板

拧开电动机压板上的 2 颗螺钉，取下底部蒸发器压板，即可从底部卡扣上将蒸发器和电动机压板一同取下，如图 1-22 所示。

8. 拆电动机

取下蒸发器和电动机压板后，即可直接取下电动机，如图 1-23 所示。

9. 拆贯流风叶

拧下风叶内的螺钉，即可将风叶取下与电动机分离，如图 1-24 所示。

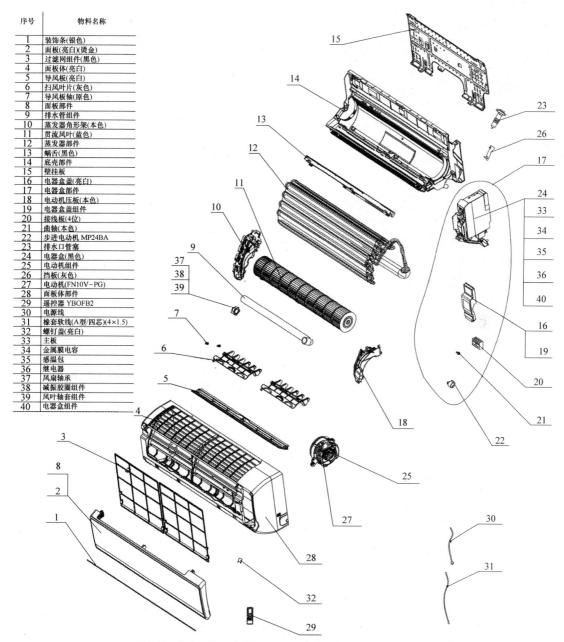

序号	物料名称
1	装饰条(银色)
2	面板(亮白)(烫金)
3	过滤网组件(黑色)
4	面板体(亮白)
5	导风板(亮白)
6	扫风叶片(灰色)
7	导风板轴(原色)
8	面板部件
9	排水管组件
10	蒸发器角形架(本色)
11	贯流风叶(蓝色)
12	蒸发器部件
13	蜗舌(黑色)
14	底壳部件
15	壁挂板
16	电器盒盖(亮白)
17	电器盒部件
18	电动机压板(本色)
19	电器盒盖组件
20	接线板(4位)
21	曲轴(本色)
22	步进电动机 MP24BA
23	排水口管塞
24	电器盒(黑色)
25	电动机组件
26	挡板(灰色)
27	电动机(FN10V-PG)
28	面板体部件
29	遥控器 YBOFB2
30	电源线
31	橡套软线(A型/四芯)(4×1.5)
32	螺钉盖(亮白)
33	主板
34	金属膜电容
35	感温包
36	继电器
37	风扇轴承
38	减振胶圈组件
39	风叶轴套组件
40	电器盒组件

图1-15　格力福乐园系列变频空调器室内机分解图及零部件清单

图 1-16　拆面板

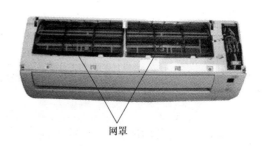

图 1-17　拆网罩

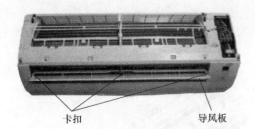

卡扣　　　　导风板

图 1-18　拆导风板

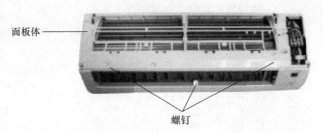

面板体

螺钉

图 1-19　拆面板体

电器盒

图 1-20　拆电器盒盖

螺钉

图 1-21　拆电器盒部件

螺钉

压板

卡扣

图1-22　拆蒸发器和电动机压板

图 1-23　拆电动机

螺钉

图 1-24　拆贯流风叶

（二）室外机的拆机方法与步骤

格力福乐园系列变频空调器室外机分解图及部件清单如图 1-25 所示，拆卸步骤如下：

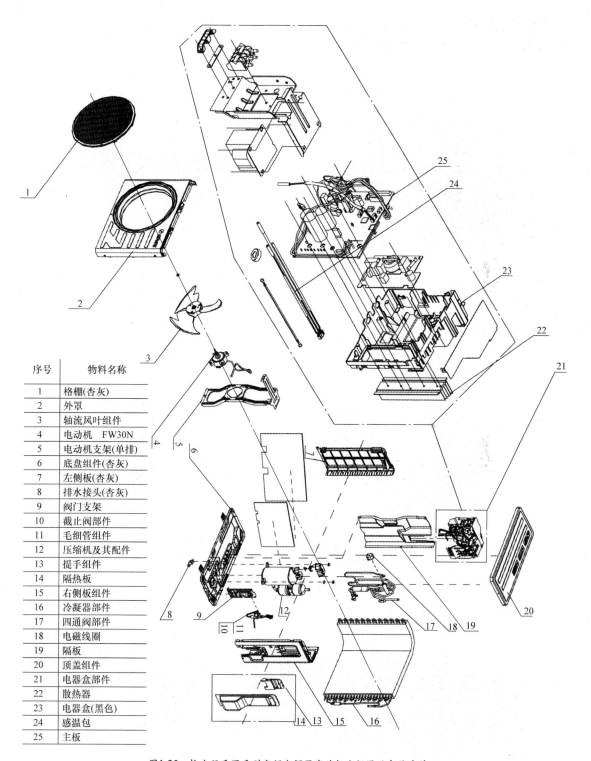

序号	物料名称
1	格栅(杏灰)
2	外罩
3	轴流风叶组件
4	电动机　FW30N
5	电动机支架(单排)
6	底盘组件(杏灰)
7	左侧板(杏灰)
8	排水接头(杏灰)
9	阀门支架
10	截止阀部件
11	毛细管组件
12	压缩机及其配件
13	提手组件
14	隔热板
15	右侧板组件
16	冷凝器部件
17	四通阀部件
18	电磁线圈
19	隔板
20	顶盖组件
21	电器盒部件
22	散热器
23	电器盒(黑色)
24	感温包
25	主板

图1-25　格力福乐园系列变频空调器室外机分解图及部件清单

1. 拆格栅

首先按下格栅上的螺钉，握住格栅逆时针即可旋下格栅，如图 1-26 所示。

2. 拆顶盖

拧下顶盖上的 3 颗螺钉，即可取下顶盖，如图 1-27 所示。

图 1-26　拆格栅

图 1-27　拆顶盖

3. 拆面板

拧下面板上的 5 颗螺钉，即可取下面板，如图 1-28 所示。

4. 拆提手

拧下提手上的 1 颗螺钉，即可取下，稍用力向下即可取下提手，如图 1-29 所示。

图 1-28　拆面板

图 1-29　拆提手

5. 拆右侧板

拧下右侧板上的 5 颗螺钉，即可取下右侧板，如图 1-30 所示。

6. 拆左侧板

拧下左侧板上的 1 颗螺钉，即可取下左侧板，如图 1-31 所示。

7. 拆接线板和电器盒

先将接线板上的线拧下取出，可取出接线板。取下接线板后，剪去相应的线扎并把电器盒上的线拔下后，拧下 1 颗螺钉，即可取下电器盒，如图 1-32 所示。

8. 拆风叶

拧下风叶上的螺母，即可取下风叶，如图 1-33 所示。

螺钉

图1-30　拆右侧板

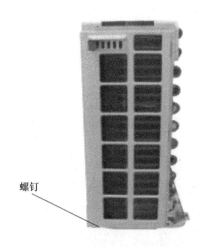

螺钉

图1-31　拆左侧板

螺钉

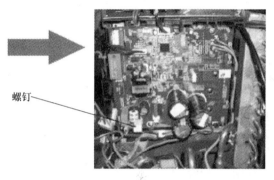

螺钉

图1-32　拆接线板和电器盒

9. 拆电动机和电动机架

拧下电动机上的 4 颗螺钉，即可取下电动机，取下电动机后，将电动机架上的螺钉拧下，即可取下电动机架，如图 1-34 所示。

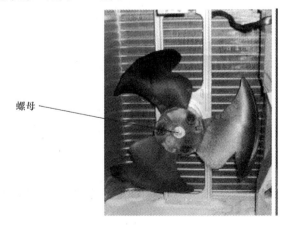

螺母

图 1-33　拆风叶

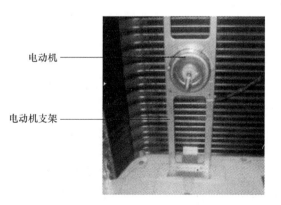

电动机

电动机支架

图 1-34　拆电动机和电动机架

10. 拆电磁四通阀（仅适用于冷暖机）

先将电磁四通阀线圈上的 1 颗紧固螺钉拧下，取下线圈。用湿润的棉纱包住电磁四通阀，焊下电磁四通阀上的 4 个焊点，即可取下电磁四通阀，如图 1-35 所示。

11. 拆压缩机

将压缩机从焊点上焊下，用扳手拧开底部 3 颗螺母并取下垫片，即可拆下压缩机，如图 1-36 所示。

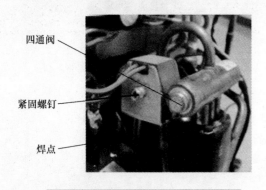

四通阀

紧固螺钉

焊点

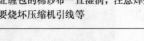

⚠ 焊接过程中要尽量快，并且保证缠包的棉纱布一直湿润，注意焊焰不要烧坏压缩机引线等

图 1-35　拆电磁四通阀

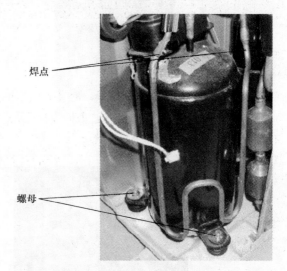

焊点

螺母

图 1-36　拆压缩机

三、学后回顾

通过今天的面对面学习，对变频空调器拆机方法与步骤有了直观的了解和熟知，在今后的实际使用和维修中应回顾以下两点：

1）如何拆卸变频空调器室内机？_____

2）如何拆卸变频空调器室外机？_____

第2章

面对面学空调器维修入门——菜鸟级

第5天　空调器电子基础

一、学习目标

今天主要学习空调器理论基础知识，通过今天的学习要达到以下学习目标：

1）了解定频、变频空调器的定义，各有哪些优缺点？

2）掌握直流变频与交流变频空调器的结构原理。

3）熟知变频空调器的分类。今天的重点就是要特别掌握直流变频与交流变频空调器的结构原理，这是空调器维修中经常要用到的一种基本知识。

二、面对面学

（一）什么是定频空调器

所谓定频空调器是指能改变室内、外风扇电动机的转速，通过改变送风量，在较小范围改变空调器的制冷量和制热量，不能被称作"变能力空调器"。

定频空调器只能工作在 50Hz 的频率，压缩机转速不可调节，只能通过开和关的状态来控制空调运转。与变频空调器相比，定频空调器有如下缺点：

1）舒适性差。

2）温度波动大，易诱发空调病。

3）出风温度舒适性差。

4）不节能：温度波动大，不容易达到热平衡，热量损失大；频繁起动，功耗大，压缩机效率比直流压缩机低。

5）无法实现快速制冷、制热。

（二）什么是变频空调器

变频空调器是指采用变频原理，利用二次逆变得到交流电源，通过改变逆变电源的频率来控制压缩机的转速，从而达到根据需要控制空调器输出能力的空调器。

变频技术是通过变频器改变电动机电源的频率，从而改变电动机的运转转速的一种技术。它广泛应用于工业控制领域，具有无级调速、节能等优点。变频空调器可以通过改变压缩机转速来调节空调器的工作状态，因此变频空调器更省电。

随着国家节能政策的调整、人们消费水平的提高、变频技术的日益成熟，变频取代定频就像液晶电视取代 CRT 电视一样是大势所趋。

变频空调器具有如下优缺点：

1）变频空调器温控精度高（0.5℃），使用舒适度好。

2）变频空调器具有低压软起动的优势（150V 左右）。

3）变频空调器具有节能省电的优点（30% 以上）。

4）可以快速制冷制热，特别是冬季制热效果好（变频空调器工作的环境温度范围为 −20~52℃，定频空调器工作的环境温度范围为 –7~43℃）。

5）噪声小（无交流声）。

6）缺点是制造成本高，性价比低；维修使用成本高，维修难度大。

（三）变频空调器分类

根据压缩机工作原理和室内、外风扇电动机的供电状况，可将变频空调器分为交流变频空调器、直流变频空调器和全直流变频空调器 3 种类型。

1. 交流变频空调器

交流变频空调器是最早的变频空调器，也是市场上拥有量最大的类型，现在一般已经进入维修期。交流变频空调器与普通定频空调器相比，具有以下特点：

1）交流变频空调器中的室内风扇电动机和室外风扇电动机与普通定频空调器中的相同，均为交流异步电动机，由市电交流 220V 直接起动运行。

2）交流变频空调器的压缩机转速可以变化，供电为功率模块提供模拟三相交流电。

3）交流变频空调器中的制冷剂，通常使用与普通定频空调器相同的 R22。

4）交流变频空调器一般使用常见的毛细管作节流部件。

2. 直流变频空调器

直流变频空调器是在交流变频空调器基础上发展而来的，与之不同的是，压缩机采用无刷直流电动机，整机的控制原理与交流变频空调器基本相同，只是在室外机电路板上增加了位置检测电路。

直流变频空调器中的室内风扇电动机和室外风扇电动机与普通定频空调器中的相同，均为交流异步电动机，由市电交流 220V 直接起动运行。

直流变频空调器中的制冷剂早期机型使用 R22，目前生产的机型多使用新型环保制冷剂 R410A，节流部件同样使用常见且价格低廉但性能稳定的毛细管。

3. 全直流变频空调器

全直流变频空调器是在直流变频空调器基础上发展而来，与直流变频空调器相比最主要的区别是，室内风扇电动机和室外风扇电动机的供电为直流 300V 电压，而不是交流 220V，同时使用直流变转速压缩机。

全直流变频空调器中的制冷剂通常使用新型环保制冷剂 R410A，节流部件大多数品牌的机型使用电子膨胀阀，只有少数品牌的机型使用毛细管，或电子膨胀阀与毛细管相结合的方式。

（四）直流变频与交流变频空调器结构原理

1. 交流变频空调器结构原理

交流变频空调器是由整流滤波电路、中央微处理器和功率晶体管等半导体器件组成。如图 2-1 所示，该变频空调器的功率输出部分使用了由 6 个 IGBT 组成 IPM 器件。分别组成 U、V、W 相，连接到压缩机的 R、S、T 接线端。

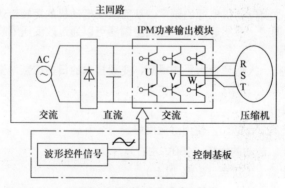

图2-1　交流变频空调器结构原理

交流变频的波形是由三角波（载波）和正弦波（调制波）之间比较而形成不等幅的 PWM 波，如图 2-2 所示。输出波形振幅（相电压）的大小是由正弦波（调制波）的大小来调节的，其频率可以通过改变正弦波（调制波）的频率来改变。

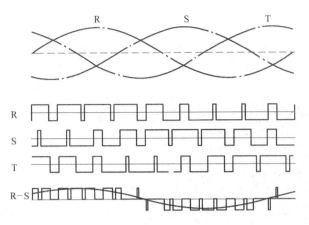

图2-2 交流变频空调器波形生成原理

2. 直流变频空调器结构原理

直流变频控制器是由整流滤波电路、中央微处理器和功率晶体管等半导体器件组成。如图 2-3 所示，该变频空调器的功率输出部分使用了由 6 个 IGBT 组成的 IPM 器件。分别组成 U、V、W 相，连接到压缩机的 R、S、T 接线端。通过 R、S、T 端，引出转子位置信号，反馈到控制芯片。

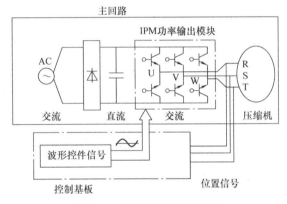

图2-3 直流变频空调器结构原理

直流变频空调器是相对于交流变频空调器而来的，其实直流不存在变频，它通过改变直流电压来调节压缩机转速，从而改变空调的制冷量，采用的直流调速技术要远远优于调频技术，因此直流变转速是正确的叫法。它只能说是一种直流变转速空调器，不是严格意义上的变频空调器。

直流变频的能源损耗比调频调速要小。另外，由于这种直流电动机的转子是永磁的，又省却了三相交流异步电动机的转子电流消耗。所以，它从电网电源到电动机这一段的功率因数要比调频调速方式高，节省了一定的能量。

目前，市面上大多数厂商生产的都是 R410A 的无氟直流变频空调器，有经济型变频和全直流变频。

三、学后回顾

通过今天的面对面学习，对空调器的理论基础知识有了直观的了解和熟知，在今后的实际使用和维修中应回顾以下 3 点：

1）什么是定频空调器？_____。什么变频空调器？_____。两种类型的空调器各有哪些优缺点？_____。

2）变频空调器是如何分类的？_____。

3）直流变频与交流变频空调器的结构原理是怎样的？_____。

第6天　空调器通用元器件识别与检测

一、学习目标

今天主要学习空调器通用元器件识别与检测，通过今天的学习要达到以下学习目标：

1）了解空调器电路有哪些通用元器件？这些通用元器件各自的作用是什么？

2）掌握空调器通用元器件实物、电路符号的识别以及检测方法。

3）熟知空调器室内、外电路板电路中的通用元器件。今天的重点就是要特别掌握空调器通用元器件实物、电路符号的识别以及检测方法，这是空调器维修中经常要用到的一种基本知识。

二、面对面学

（一）电阻器识别与检测

1. 电阻器识别

电阻器是电气、电子设备中使用最广泛的基本元件之一，是电阻电线内通过电流时，电子在导线内运动受着一定的阻力，利用金属或非金属材料制成的，广泛应用于耦合、滤波、反馈、补偿等各种不同功能的电路中。

电阻器通常用字母 R 表示，单位为欧姆，简称欧，用希腊字母 Ω 表示，还可使用千欧（kΩ）、兆欧（MΩ）等来表示。它们的换算关系是 1MΩ=1000kΩ；1kΩ=1000Ω。电阻器实物及电路图形符号如图2-4 所示。

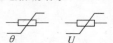

电阻器实物　　　　　　　　　　　　　　常见电路图形符号

固定电阻器　可调电阻器　热敏电阻器　压敏电阻器　光敏电阻器

图2-4　电阻器识别

固定电阻器是空调器电脑板控制电路中应用最多的元件之一，它在电路中是一种控制电路中电流大小的电子元件。特别在取样比较电阻中，其要求电阻值精度较高，稍有变值就会影响电路的正常工作。空调器电路板的电源电路中广泛采用压敏电阻器作为过电压保护和高浪涌的吸收，如图 2-5 所示，压敏电阻器是一种限电压型保护元件。

2. 固定电阻器的检测

对固定电阻器的测量就是测量该电阻器的阻值大小，根据被测电阻器标称的大小选择量程，将万用表两表笔（不分正负）分别接电阻器的两端引脚即可测出实际电阻值。实测电阻值应与电阻的标称值相符合（允许有一定的偏差），若所测电阻值为零，则表示电阻器已短路，如图 2-6 所示；若超出偏差范围，则说明该电阻已变值。

由于固定电阻器在电路中往往与其他元器件并、串联，实际测量中应将所测固定电阻器从电路中取下或将其中一端与印制电路板分离，这样才能真实地测出该固定电阻器的阻值。主要应按以下方法来判断固定电阻器好坏：

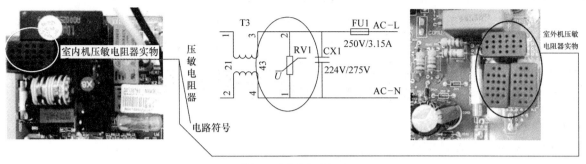

图2-5 压敏电阻器识别

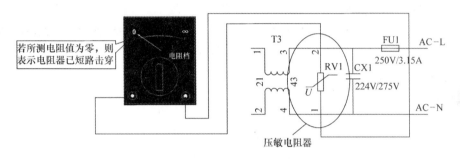

图2-6 检测压敏电阻器

1）如果用万用表测得固定电阻器的阻值偏大或为无穷大，则可能是其内部接触不良或已断极。

2）若测得阻值太小或为零，则可能是其内部短路或已被击穿。

3）断极、短路或已被击穿的固定电阻器均不能继续使用。但在实际维修中，很少出现固定电阻器损坏的情况，应着重注意固定电阻器是否虚焊、脱焊。

3. 热敏电阻器的检测

热敏电阻器在空调器电路中比较常见，通常为负温度系数热敏电阻器，例如用于室内、外环境传感器，压缩机吸、排气传感器，盘管传感器中。检测负温度系数热敏电阻器时，可采用人体加温检测和电烙铁加温检测两种方法进行。

（1）人体加温检测法

使用万用表电阻档，根据被检测电阻器的标称值定档位，为了防止万用表的工作电流过大，流过热敏电阻器时发热而使阻值改变，可采用鳄鱼夹代替表笔分别夹住热敏电阻器两个引脚，测量出电阻值，然后捏住热敏电阻器，此时表针会随着温度的升高而向右摆动，表明电阻在逐渐减少，当减少到一定数值时，表针摆动。这种现象说明被测热敏电阻器是好的。

（2）电烙铁加温检测法

检测方法如图 2-7 所示，将加热后的电烙铁靠近热敏电阻器，温度升高阻值同样会减少，表针向右移，说明被测热敏电阻器是好的。如果加热后阻值无变化，则说明该热敏电阻器性能不良，不能再使用。

用万用表检测负温度系数热敏电阻器时应注意以下 4 点：

1）使用电烙铁加温时，电烙铁与电阻器不要靠得太近，防止电阻器因过热而损坏；

2）使用的万用表内的电池必须是新换不久的，而且在测量前应调好欧姆零点；

3）如果测量电阻值，注意不要用手捏住电阻体，以防止人体温度对测试产生影响；

4）电阻器上的标称值与所测得的阻值有一定的偏差。

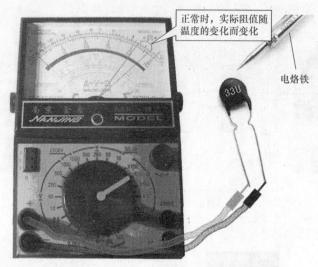

正常时，实际阻值随温度的变化而变化

电烙铁

图2-7　电烙铁加温检测热敏电阻器示意图

（二）电容器识别与检测

1.电容器识别

电容器是一种容纳电荷的元件，它是电子设备中大量使用的电子元件之一，广泛应用于隔直、耦合、旁路、滤波、调谐回路、能量转换、控制电路等方面。

电容器通常用字母 C 表示，其单位为法拉，简称法，用字母 F 表示。此外，常用的还有微法（μF）、纳法（nF）及皮法（pF）。它们的换算关系如下：$1F=1\times10^6\mu F$；$1\mu F=1000nF$；$1nF=1000pF$。

电容器实物及电路符号如图 2-8 所示，比较常见的电容器主要有普通电容器、电解电容器、聚酯电容器、钽质电容器、陶瓷电容器等。

（1）压缩机电容器识别

空调器电路中的压缩机电容器是铝电解电容器的一种，它一般采用耐电压为 400V 或 450V、容量为 20~60μF 的无极性电容器。压缩机电容器是起动压缩机不可缺少的辅助元件，其连接原理如图 2-9 所示。

压缩机的一次绕组和二次绕组的结构与电冰箱压缩机是一样的，即相位位置成 90° 排布，利用电容器与起动绕组串联，形成了一个电阻、电感、电容的串联电路，当电源同时加在运行绕组和辅助绕组的串联电路上时，由于电容器、电感器的移相作用，使得起动绕组上的电压、电流都滞后于运行绕组，随着电源周期的变化，在转子与定子之间形成一个旋转磁场，产生转矩，促使转子转动起来。

（2）风扇电动机电容器识别

空调器风扇电动机电容器是聚丙烯电容器的一种，外形与普通常见的电容器差别较大，它的容量也较大，如图 2-10 所示。

风扇电动机电容器的作用是在不增加起动电流的情况下增加电动机的起动转矩，使电动机转子顺利转动。

（3）Y 电容器识别

Y 电容器属于安规电容器（包括 X 电容器和 Y 电容器）的一种，Y 电容器是分别跨接在电力线两线和地之间（L-E、N-E）的电容器，一般是成对出现，如图 2-11 所示。

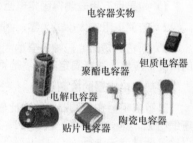

电容器实物

聚酯电容器　钽质电容器

电解电容器　陶瓷电容器

贴片电容器

电容器电路符号

普通电容器　可变电容器　预调电容器　电解电容器

图2-8　电容器识别

室内机贯流风扇起动电容器

室外机轴流风扇起动电容器

图2-9 压缩机起动电容器与压缩机连接图

图2-10 风扇电动机电容器识别

图2-11 Y电容器识别

Y电容器一般用于电容器失效后不会导致电击、不危及人身安全的场所。基于漏电流的限制，Y电容器电容值不能太大，一般X电容器是μF级，Y电容器是nF级。

2. 电容器的检测

（1）普通电解电容器的检测

检测普通电解电容器可分开路和在路两种方法。对电解电容器进行开路检测，主要是通过指针式万用表对其漏电阻值的检测来判断电解电容器性能的好坏。开路检测电解电容器的具体操作方法及步骤如下：

1）首先，将电解电容器从电路板上卸下，并对其引脚进行清洁，观察电解电容器是否完好，引脚有无烧焦或折断等迹象。

2）在检测之前，要对待测电解电容器进行放电，以免电解电容器中存有残留电荷而影响检测结果。对电解电容器放电可选用阻值较小的电阻器，将电阻器的引脚与电容器的引脚相连即可，如图2-12所示。

3）将红表笔与电解电容器的负极引脚相接，黑表笔与电解电容器的正极引脚相接。在刚接通的瞬间，万用表的表针会向右（电阻小的方向）摆动一个较大的角度，可通过观察以下4种情况，来对电解电容器性能的好坏加以判断：

① 若表针摆动到最大角度后，接着又逐渐向左摆，然后停止在一个固定位置，则说明该电解电容器有明显的充、放电过程，所测得的阻值即该电解电容器的正向漏电阻，如图2-13所示。

② 若表针的最大摆动幅度与最终停止位置间的角度小，则说明该电解电容器漏电，如图2-14所示。

③ 若表针无摆动，万用表读数趋于零，则说明该被测电解电容器已被击穿或短路，如图2-15所示。

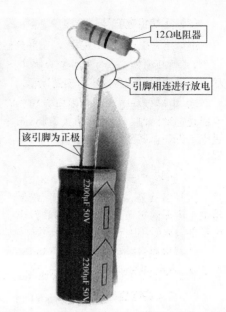

图2-12 使用电阻器对电解电容器放电操作示意图

④ 若表笔接触引脚后，表针未摆动，则说明该电解电容器的电解液已干涸，失去电容量，如图2-16所示。

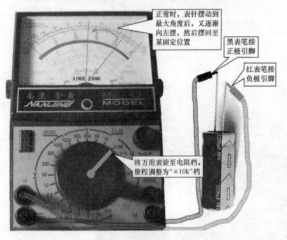

图2-13 检测电解电容器操作方法示意图（一）

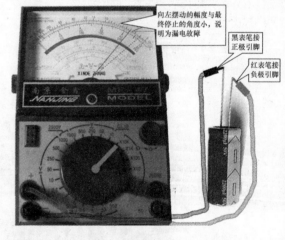

图2-14 检测电解电容器操作方法示意图（二）

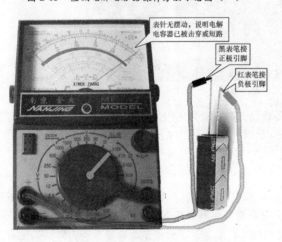

图2-15 检测电解电容器操作方法示意图（三）

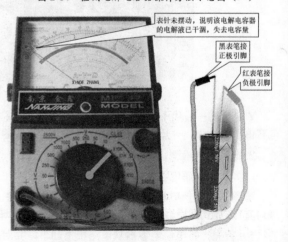

图2-16 检测电解电容器操作方法示意图（四）

（2）压缩机电容器的检测

空调压缩机电容器的损坏，主要是被击穿，或容量变小，检测时可按以下方法进行：

1）外观检查。若发现外壳变形、凸包、开裂、漏液等说明该电容器已损坏，不能再使用。更换电容器尽可能是原规格型号，不可随意取低。

2）电容量检查。电容器电容量会因使用环境恶劣和随着时间的延长而衰减，一般衰减量大于 20% 就会出现起动困难、起动电流大、起动时间长等现象；特别是当电源电压低于 20% 时，就会出现起动跳停、过电流保护，甚至烧坏压缩机。因此，当出现起动固定、起动时间过长、瞬间跳停等现象，首先检查电容器。

3）测量方法。用数字万用表电容档或专用电容器测量仪测量。用指针式万用表电阻档粗略测量充放电时间：红、黑表分别接触电容器两极（见图 2-17），表针迅速上升又缓慢降回原位为好电容器，表针不上升或上升后回不到原位，说明该电容器损坏。

（3）风扇电动机电容器的检测

检查风扇电动机电容器是否损坏，可按如下操作方法进行：

1）首先将电容器一端断开。

2）用万用表的"×100"或"×1000"档，将表笔接触到电容器的两极。

3）若万用表的表针先指到低电阻值，然后返回到高电阻值，说明电容器有充、放电能力。

图2-17　检测压缩机电容器

4）若表针不能回到无穷大值，说明电容器已漏电或短路，应更换电容器。

（4）Y 电容器的检测

Y 电容器其实是一种无极性电解电容器，使用指针式万用表可大致测试其性能的好坏，操作方法如图 2-18 所示。

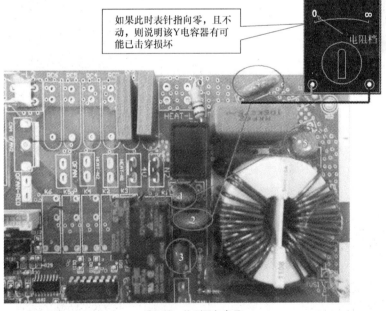

如果此时表针指向零，且不动，则说明该Y电容器有可能已击穿损坏

电阻档

图2-18　检测Y电容器

将指针式万用表不分正负与 Y 电容器的两引脚相接，如果此时表针指向零且不动，则说明该 Y 电容器有可能已击穿损坏。

（三）电感器识别与检测

1. 电感器识别

电感器是用导线在绝缘骨架上单层或多层绕制而成的，又叫电感线圈，是将电能转换成磁能并存储起来的元件，也是常用的电子元件之一。电感器在电路图中常用字母符号 L 后面再加数字来表示，例如 L3 表示编号为 3 的电感器。

电子电路中常用电感器实物及电路图形符号如图 2-19 所示，主要有色环电感器、扼流线圈、共模电感器、贴片电感器、磁珠电感器等。

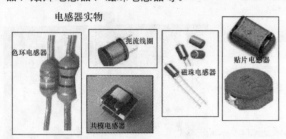

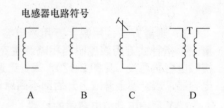

A是铁心电感器的电路符号，符号中用一条实线表示铁心

B是电感器电路符号，这是电感器不含磁心或铁心的电路符号

C是带预调磁心电感器符号

D 是空心电感器（也称脱胎线圈或空心线圈，多用于高频电路中

图2-19　常用电感器识别

（1）色环电感器

色环电感器外表与电阻器相似，是指在电感器表面涂上不同的色环来代替电感量的电感。通常用四色环表示，紧靠电感体一端的色环为第一环，露着电感体本色较多的另一端为末环。其第一色环是十位数，第二色环为个位数，第三色环为应乘的倍数，单位为 mH，第四色环为偏差率。

（2）扼流线圈

又称扼流圈、阻流线圈、差模电感器，是用来限制交流电通过的线圈，分高频扼流线圈和低频扼流线圈。用于"通直流、阻交流"的电感线圈称为低频扼流线圈，用于"通低频、阻高频"的电感线圈称为高频扼流线圈。

（3）共模电感器

又称共模扼流线圈，是在一个闭合磁环上对称绕制方向相反、匝数相同的线圈。信号电流或电源电流在两个绕组中流过时方向相反，产生的磁通量相互抵消，扼流线圈呈现低阻抗。共模电感器实质上是一个双向滤波器：一方面要滤除信号线上的共模电磁干扰；另一方面又要抑制本身不向外发出电压干扰，避免影响同一电磁环境下其他电子设备的正常工作。

（4）贴片电感器

又称功率电感器、大电流电感器、表面贴装高功率电感器，具有小型化、高品质、高能量存储和低电阻的特性。

（5）磁珠电感器

磁珠由氧磁体组成，电感器由磁心和线圈组成。磁珠把交流信号转化为热能，电感器把交流存储起来，缓慢地释放出去。磁珠专用于抑制信号线、电源线上的高频噪声和尖峰干扰，还具有吸收静电脉冲的能力。

2. 电感器检测

（1）外观检查

通过观察电感器表面是否出现异常现象，初步判断电感器是否正常，具体包括如下方面：

1）从电感线圈外面查看是否有破裂现象；

2）线圈是否有松动、变位的现象；

3）线圈引脚是否牢靠；

4）查看电感器的外表上是否有电感量的标称值；

5）还可进一步检查磁心旋转是否灵活、有无滑扣等。

（2）色码电感器的检测

用万用表检测色码电感器通断情况来加以判别，检测方法如下：

1）首先将万用表置于"×1"档；

2）用两表笔分别碰接电感线圈的引脚；

3）当被测的电感器电阻值为0Ω时，说明电感线圈内部短路，不能使用；

4）如果测得电感线圈有一定阻值，且与相同型号的正常值进行比较相近，说明该电感器正常；

5）当测得的阻值为无穷大时，说明电感线圈或引脚与线圈接点处发生了断路，此时不能使用。

（3）对振荡线圈的检测

同样，使用万用表检测振荡线圈的通断情况，可以判断电感器是否正常、是否存在漏电现象。操作方法如下：

1）由于振荡线圈有底座，在底座下方有引脚，检测时首先弄清各引脚与哪个线圈相连；

2）用万用表的"×1"档，测一次绕组或二次绕组的电阻值，若有阻值且比较小，一般就认为是正常的；

3）如果阻值为0，则说明短路；

4）如果阻值为无穷大，则说明断路；

5）将万用表置于"×10k"档，用一支表笔接触屏蔽罩，另一支表笔分别接触一、二次绕组的各引脚；

6）若测得的阻值为无穷大，则说明正常；

7）如果阻值为0，则说明存在短路现象；

8）若阻值小于无穷大，但大于0，则说明有漏电现象。

（4）通过测定 Q 值来判断

要准确检测电感线圈的电感量和品质因数 Q，就需要专门的仪器，而且测试方法较为复杂。在实际维修工作中，一般不进行这种检测，仅进行线圈的通断和 Q 值的直流电阻检查，再与原确定的阻值或标称阻值对比，来加以判断，通常有如下 4 种情况：

1）如果所测阻值比原确定阻值或标称阻值增大许多，甚至表针不动，则说明线圈断线；

2）如果所测阻值极小，则说明是严重短路；

3）如果检测电阻与原确定的标称阻值相差不大，则说明该线圈是好的；

4）值得注意的是，由于电感器属于非标准件，不像电阻器那样可以方便地检测，且在有些电感体上没有任何标注，所以一般要借助图样上的参数标注来识别其电感量，在维修时一定要用与原来相同规格、参数相近的电感器进行代换。

（5）电流互感器的检测

电流互感器是由闭合的铁心和绕组组成的，依据变压器的结构原因制成，故障在空调器过电流检测电路中比较常见。下面介绍用万用表对其检测的方法：

1）首先将万用表置于"AC 50V"档，测量二次侧升压绕组两端的电压，正常时约为 AC 10V；

2）也可用"×1"或"×10"档测量高压绕组的电阻值，正常时应大于50Ω，主回路阻值应为0Ω。

（四）二极管识别与检测

1.二极管识别

二极管的种类繁多、功能用途各异，它可用来产生、控制、接收、变换、放大信号和进行能量转换等。二极管在电路中常用 D 加数字表示，例如 D5 表示编号为 5 的二极管。

二极管实物结构及电路符号如图 2-20 所示。空调器电路中常用的二极管主要有整流二极管、发光二极管、稳压二极管等。整流二极管用于整流电路，利用二极管的单项导电性，将交流电变为直流电；发光二极管在空调器电路中主要用于信号指示；稳压二极管（又叫齐纳二极管）是一种直到临界反向击穿电压前都具有很高电阻值的半导体器件，它用来稳压或在串联电路中作基准电压。

二极管实物

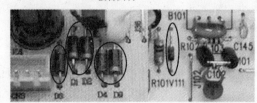

二极管电路图形符号

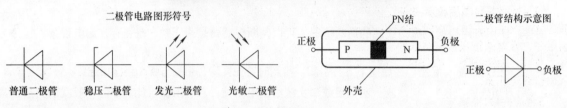

图2-20　二极管识别

2. 普通二极管的检测

普通二极管是由一个 PN 结构成的半导体器件，具有单向导电特性。通过使用万用表、绝缘电阻表以及晶体管直流参数测试表对其检测，从而可以估测出二极管的性能。检测包括以下 3 个方面（下述检测方法适合检测检波二极管、整流二极管、阻尼二极管、开关二极管等）：

（1）极性的判别

对半导体二极管正、负极进行简易测试的方法如图 2-21 所示，具体操作步骤如下：将万用表置于电阻档（通常用"×100"档或"×1k"档），两表笔分别接二极管的两个电极，测出一个结果后，对调两表笔，再测出一个结果。两次测量的结果中，有一次测量出的阻值较大（为反向电阻），另一次测量出的阻值较小（为正向电阻）。在阻值较小的一次测量中，黑表笔接的是二极管的正极，红表笔接的是二极管的负极。

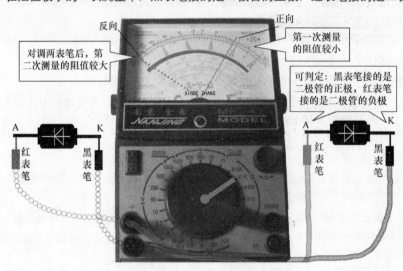

图2-21　普通二极管极性的判别示意图

（2）单向导电性能的检测及好坏的判断

普通二极管的正向电阻越小越好，反向电阻越大越好。正、反向电阻值相差越悬殊，说明二极管的单向导电特性越好。通常，锗材料二极管的正向电阻值为 1kΩ 左右，反向电阻值为 300kΩ 左右；硅材料二极

管的正向电阻值为 5kΩ 左右，反向电阻值为无穷大。

因此，若使用万用表测得二极管的正、反向电阻值均接近 0 或阻值较小，则说明该二极管内部已击穿短路或漏电损坏；若测得二极管的正、反向电阻值均为无穷大，则说明该二极管已开路损坏。

（3）反向击穿电压的检测

普通二极管的反向击穿电压（耐压值）可用万用表配合绝缘电阻表来测量，如图 2-22 所示。测量时，将被测二极管的负极与绝缘电阻表的正极相接，将二极管的正极与绝缘电阻表的负极相接，同时用万用表（置于合适的直流电压档）检测二极管两端的电压。由慢逐渐加快摇动绝缘电阻表手柄，待二极管两端电压稳定而不再上升时，此电压值即二极管的反向击穿电压。

还可以用晶体管直流参数测试表来测量二极管反向击穿电压。其方法是将测试表的"NPN/PNP"选择键设置为 NPN 状态，再将被测二极管的正极接测试表的"c"插孔内，负极插入测试表的"e"插孔，然后按下"V（BR）"键，测试表即可指示出二极管的反向击穿电压值。

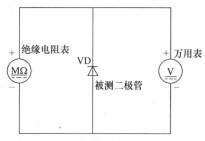

图2-22　用万用表配合绝缘电阻表测量普通二极管的耐压值示意图

3. 整流桥的检测

大多数的整流桥上，均标明了其极性（两个交流输入端"～"，和两个直流输出端"+""－"），因此很容易确定出各电极。检测整流桥性能的好坏，可通过分别测量"+"极与两个"～"极，"－"极与两个"～"极之间各整流二极管的正、反向电阻值（与普通二极管的测量方法相同）是否正常来加以判断，如图 2-23 所示。

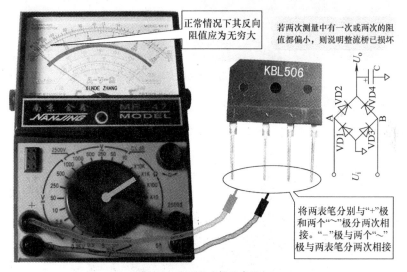

正常情况下其反向阻值应为无穷大

若两次测量中有一次或两次的阻值都偏小，则说明整流桥已损坏

将两表笔分别与"+"极和两个"～"极分两次相接。"－"极与两个"～"极与两表笔分两次相接

图2-23　检测整流桥示意图

若测得整流桥内 4 只二极管的正、反向电阻值均为 0 或均为无穷大，则可判断该二极管已击穿或开路损坏。

4. 稳压二极管稳压值的检测

稳压二极管的稳压值可用万用表配合绝缘电阻表来进行检测。其方法如图 2-24 所示：将低于 1000V 的绝缘电阻表为稳压二极管提供测试电源，将绝缘电阻表正端与稳压二极管的负极相接，绝缘电阻表的负端与稳压二极管的正极相接后，按规定匀速摇动绝缘电阻表手柄，同时用万用表监测稳压二极管两端电压值（万用表的电压档应视稳定电压值的大小而定），待万用表的指示

图2-24　检测稳压二极管稳压值示意图

电压指示稳定时，此电压值便是稳压二极管的稳定电压值。

测量过程中，若测得稳压二极管的稳定电压值忽高忽低，则说明该稳压二极管的性能不稳定，不能继续使用。

5. 高亮度单色发光二极管的检测

对高亮度单色发光二极管（LED）检测时，需要在万用表外部串联一节 1.5V 或 1.2V 的干电池，使检测电压增加至 2V 以上（因高亮度单色 LED 的开启电压一般为 2V），将万用表置于"×10"或"×100"档。用万用表两表笔轮换接触 LED 的两引脚，正常发光的那次黑表笔所接的为正极，红表笔所接的为负极，如图 2-25 所示。

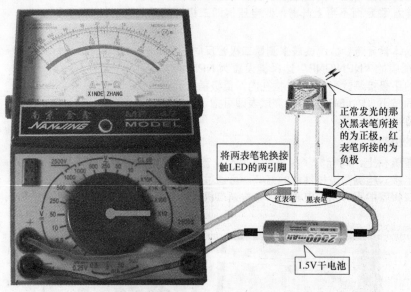

图2-25 检测高亮单色LED的性能示意图

操作过程中，若无论怎样对调表笔对其进行测量，LED 均不发光，则说明该 LED 已损坏。

（五）晶体管识别与检测

1. 晶体管识别

晶体管在电子产品中应用广泛，属于电流控制器件，在电路中起振荡、放大、开关、调制等多种作用。晶体管在电路图中的符号为 VT 或 V，实际电路中也有用 Q 表示的，实物及电路符号如图 2-26 所示。

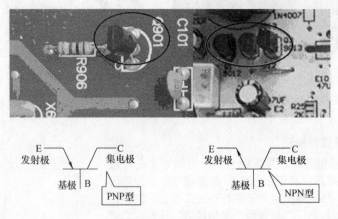

图2-26 晶体管识别

晶体管是一种具有两个 PN 结的半导体管。它有 3 个电极，分别是基极（B）、集电极（C）和发射极

（E）。在发射区与基区交界面形成的 PN 结称为发射结，集电区与基区交界处形成的 PN 结称为集电结。其引脚 E、B 或 B、C 之间好像是一个二极管，所以同样具有单向导电的性质，可以用作开关组件，还同时是一个放大组件。

2. 晶体管检测

现在许多万用表均设有晶体管测试档（孔），可直接粗略测出管子 h_{FE} 及判断出 B、E、C 极。如图 2-27 所示，在测出 B 极后，将晶体管随意插到插孔中去，测一下 h_{FE} 值，然后将管子倒过来再测一遍，测得 h_{FE} 值比较大的一次，各引脚插入的位置是正确的。

也可通过对晶体管 I_{ceo}（基极开路，集电极和发射极正向额定电流）的检测，从而判断出晶体管性能的好坏。操作方法如图 2-28、图 2-29 所示。

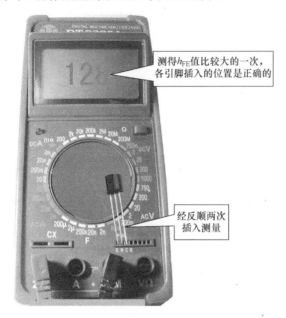

图 2-27　用晶体管测试孔检测晶体管

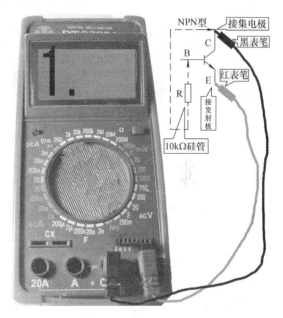

图 2-28　判断晶体管（NPN 型）性能好坏示意图

一般锗中、小功率晶体管实测阻值应在 10~20kΩ，硅管应在 100kΩ 以上。实际上绝大多数管子均看不出表针摆动（指针式万用表），即显示值为无穷大。若实测阻值太小，则表明 I_{ceo} 很大，这种管子不能使用；若阻值近于零，则说明管子 C、E 极已击穿。

用同样方法可检查 I_{cbo}（发射极开路，集电极和基极正向额定电流），只需将表笔改接 B、C 极，并注意测其反向电阻即可。

在测 I_{ceo} 基础上，再接一个 10kΩ（硅管）或 20kΩ（锗管）电阻，如图 2-29 中虚线所示。便可检查管子放大系数 h_{FE}。接上电阻后所测得的阻值变小越多，说明管子 h_{FE} 越大；若阻值不变或改变很小，则说明管子损坏或放大能力很差。

（六）光耦合器识别与检测

1. 光耦合器识别

光耦合器是以光为媒介传输电信号的一种电—光

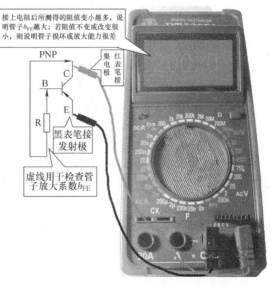

图 2-29　判断晶体管（PNP型）性能好坏示意图

一电转换器件，它把红外光发射器件和红外光接收器件以及信号处理电路等封装在同一管座内，它对输入、输出电信号有良好的隔离作用，所以它在各种电路中得到广泛的应用。

在空调器通信电路中，光耦合器是利用光电输出脉冲处理信号，用于控制空调器室内机主基板和室外机主基板之间的线路信号传输，如图2-30所示为光耦合器实物及电路符号。

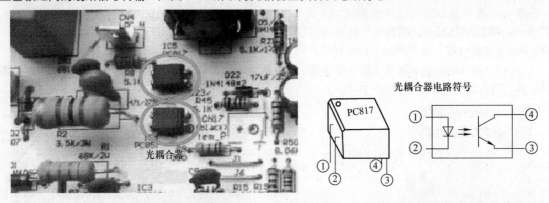

图2-30 光耦合器识别

2. 光耦合器检测

光耦合器损坏会造成空调器出现通电后室内、室外风扇电动机立即运转（故障原因多为光耦合器晶闸管输出端击穿）；遥控开机，室内、室外风扇电动机不运转等故障现象。

判断光耦合器的好坏，可在路测量其内部二极管和晶体管的正、反向电阻来确定。可通过如下3种方法检测：

（1）比较法

1）首先拆下怀疑有问题的光耦合器；

2）用万用表测量其内部二极管、晶体管的正、反向电阻值；

3）用其与好的光耦合器对应引脚的测量值进行比较；

4）若阻值相差较大，则说明光耦合器已损坏。

（2）数字万用表检测法

操作方法如图2-31所示，步骤如下：

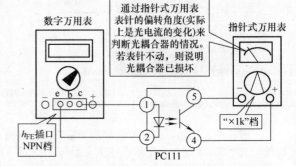

图2-31 利用数字万用表检测法检测光耦合器示意图

1）首先将光耦合器内接二极管的＋端①脚和－端②脚分别插入数字万用表 h_{FE} 的 c、e 插孔内。此时数字万用表应置于 NPN 档。

2）将光耦合器内接光敏晶体管 c 极 5 脚接指针式万用表的黑表笔，e 极 4 脚接红表笔，并将指针式万用表拨在"×1k"档。

3）通过指针式万用表表针的偏转角度（实际上是光电流的变化）来判断光耦合器的情况。表针向右偏转角度越大，说明光耦合器的光电转换效率越高，即传输比越高，反之越低。

4）若表针不动，则说明光耦合器已损坏。

（3）光电效应判断法

操作方法如图2-32所示，具体步骤如下：

1）首先将万用表置于"×1k"档。

2）两表笔分别接在光耦合器的输出端④、⑤脚。

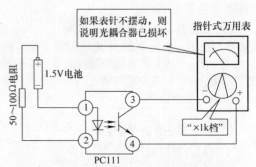

图2-32 利用光电效应判断法检测光耦合器示意图

3）用一节 1.5V 的电池与一只 50~100Ω 电阻串联，电池的正极端接光耦合器的①脚，负极端碰接②脚，观察接在输出端万用表的表针偏转情况。

4）如果表针摆动，说明光耦合器是好的。万用表表针摆动偏转角度越大，表明光电转换灵敏度越高。

5）如果表针不摆动，则说明光耦合器已损坏。

（七）三端稳压管识别与检测

1. 三端稳压管识别

三端稳压管是一种直到临界反向击穿电压前都具有很高电阻的半导体器件。稳压管在反向击穿时，在一定的电流范围内（或者说在一定功率损耗范围内），端电压几乎不变，表现出稳压特性，因而广泛应用于稳压电源与限幅电路之中。

三端稳压管主要有两种：一种输出电压是固定的，称为固定输出三端稳压管；另一种输出电压是可调的，称为可调输出三端稳压管，其基本原理相同，均采用串联型稳压电路。如图 2-33 所示，为常见三端稳压管实物及电路符号。

三端稳压管根据稳定电压的正、负极性分为 78×××，79××× 系列，正、负稳压的典型电路如图 2-34 所示。

常见的三端稳压管型号主要有 7805、78M05、7912 等。7805 是常用的三端稳压器件，顾名思义"05"就是输出电压为 5V，还可以微调，7805 输出波纹很小；78M05 三端稳压器可输出 5V、0.5A 的稳定电压；7912 三端稳压器可输出 12V、1A 的稳定电压。

2. 三端稳压管检测

三端稳压管严格说来属于集成电路，将输出电压与内部的基准电压比较后驱动调整管调整到稳定的一个数值。空调器电脑板上的三端稳压管（L7805）损坏后会造成空调器出现的故障见表 2-1。

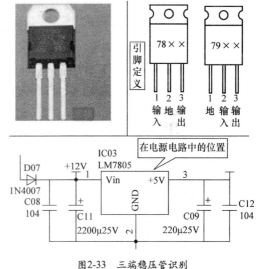

图2-33　三端稳压管识别

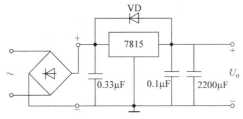

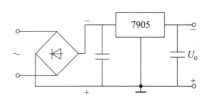

图2-34　正、负稳压典型电路

表 2-1　三端稳压管（L7805）损坏后会造成空调器出现的故障现象

L7805 稳压管	故 障 现 象
室内机	①显示屏不显示（指示灯不亮）；②遥控不开机；③使用应急开关不开机；④室内机电脑板上无 +5V 电压输出
室外机	①室外机不工作，或发出报警音，显示通信故障代码；②室外电脑板上无 +5V 电压输出

对于单独的三端稳压管可用万用表测量各引脚间电阻来粗略判别是否损坏，最好是接入电路中测量。电压调整率和纹波等指标就只有用专业仪器测试了。业余条件下也可用示波器定性检查。

下面介绍用万用表对三端稳压管 L7805 的测量方法：

1）首先将万用表置于直流 50V 档，正常情况下 L7805 的①、②脚间应有约 8V 以上的直流电压，输出端②、③脚间应有 +5V 直流电压。

2）将万用表置于"×1"或"×10"档，在路检测其①、②脚及②、③脚间的正、反向阻值，正常情况下约为数十欧。

（八）晶体振荡器识别与检测

1. 晶体振荡器识别

晶体振荡器是用一种能把电能和机械能相互转化的在共振状态下工作的晶体，以提供稳定、精确的单频振荡。其实物及电路符号如图 2-35 所示。

图2-35　晶体振荡器识别

晶体振荡器在电路中主要是给 CPU（中央处理器）提供一个稳定的运行频率，是 CPU 工作三要素之一（即电源、复位、振荡频率）。

2. 晶体振荡器检测

晶体振荡器虚焊或不良会造成空调器上电无反应、遥控失灵等故障现象。使用万用表或示波器可对晶体振荡器进行检测，判断其好坏，操作方法如下：

1）在空调器主控板通电情况下，用万用表测晶体振荡器输入引脚，正常情况下，应有 2~3V 的直流电压，若无此电压，一般多为晶体振荡器坏。

2）用万用表电阻档测量晶体振荡器两引脚电阻值，正常情况下电阻值为无穷大，若测量时有一定阻值说明晶体振荡器损坏。

3）用示波器测量晶体振荡器输入、输出引脚的波形来判断晶体振荡器是否正常，若有波形说明晶体振荡器正常，若无波形说明晶体振荡器可能损坏。

（九）晶闸管识别与检测

1. 晶闸管识别

晶闸管是一种具有 3 个 PN 结的 4 层结构的大功率半导体器件，是比较常用的半导体器件之一，多用来作可控整流、逆变、变频、调压、无触点开关等。

晶闸管有单向和双向两种。单向晶闸管结构及电路符号如图 2-36 所示，引脚定义：阳极（A）、阴极（K 或 C）和门极（G）。

双向晶闸管结构及电路符号如图 2-37 所示，引脚定义：T1（第二端子或第二阳极）、T2（第一端子或第一阳极）和 G（门极）。

双向晶闸管是两个单向晶闸管反向并联，具有双向导通性，即只要门极（G）流入电流后，无论 T1、T2 间的电压如何都能导通。

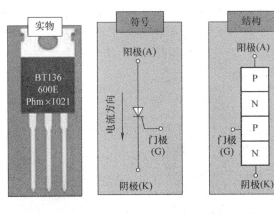

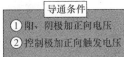

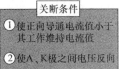

图2-36　单向晶闸管识别

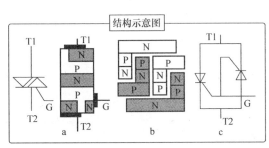

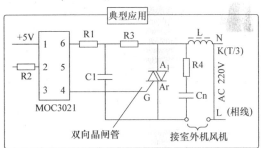

图2-37　双向晶闸管识别

2. 晶闸管检测

使用万用表对晶闸管进行检测判断其引脚定义。单向晶闸管的检测方法如图2-38所示，用万用表"×1k"档分别测各引脚的正、反向阻值，有一组测量正、反向阻值偏差较大，测量阻值较小时，黑表笔为G，红表笔为K，剩下的为A。

使用指针式万用表检测双向晶闸管的操作方法如下：

1）将指针式万用表调至"×1"档，测出晶闸管相互通的两个引脚，剩下的那个引脚为T1，相互通的两个引脚为G和T。

2）用万用表红表笔接T1，黑表笔接假设的T2，表针是不动的。

3）这时用黑表笔保持与T2接触的同时触发一下G极，表针会突然摆动。

4）将黑表笔离开G极仍然导通，说明假设成立。

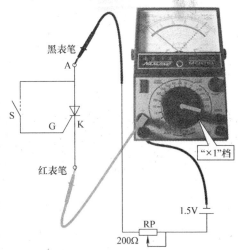

图2-38　检测单向晶闸管示意图

（十）场效应晶体管识别与检测

1. 场效应晶体管识别

场效应晶体管（FET）是利用控制输入回路的电场效应来控制输出回路电流的一种半导体器件，即电压控制电流的器件。

根据结构和原理的不同，场效应晶体管可分为结型场效应晶体管（JFET）和绝缘栅场效应晶体管（MOSFET），而 MOSFET 又分为 N 沟道耗尽型和增强型、P 沟道耗尽型和增强型四大类。

几种常见场效应晶体管实物结构及电路符号如图 2-39、图 2-40 所示。

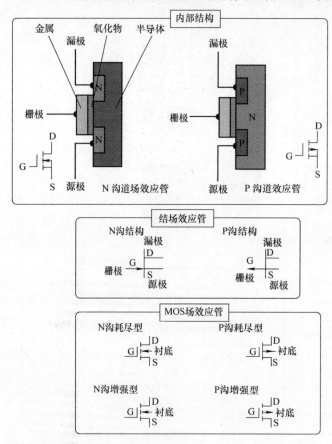

图 2-39　场效应晶体管内部结构及电路符号识别

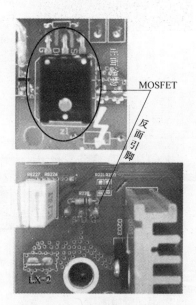

图 2-40　空调器电路板上的 MOSFET 识别

在电子电路中，场效应晶体管主要具有如下作用：

1）可应用于放大。由于场效应晶体管放大器的输入阻抗很高，因此耦合电容器可以容量较小，不必使用电解电容器。

2）可以方便地用做恒流源。

3）可以用做电子开关。

4）可以用做可变电阻器。

5）场效应晶体管很高的输入阻抗，非常适合做阻抗变换。常用于多级放大器的输入级做阻抗变换。

2. 场效应晶体管检测

（1）判别场效应晶体管电极的简单方法

对于内部无保护二极管的功率场效应晶体管，可通过测量极间电阻的方法首先确定栅极（G）。以 N 沟道为例，操作方法如图 2-41 所示。将万用表置于"×1k"档，分别测量 3 个引脚之间的电阻。若测得某引脚与其余两个引脚间的正、反向电阻均为无穷大，则说明该引脚为栅极（G）。

接下来，即可确定源极 S 和漏极 D，操作方法如图 2-42 所示。将万用表照样置于"×1k"档，先将被测管 3 个引脚短接一下，然后交换两表笔再测两次电阻，其中阻值较小的一次测量中，黑表笔所接的为源极（S），红表笔所接的为漏极（D）。

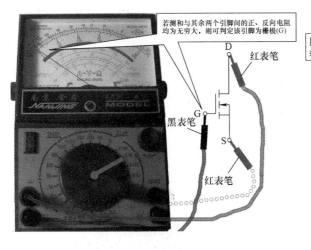

图 2-41　判定场效应晶体管栅极（G）示意图

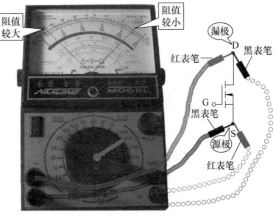

图 2-42　判定场效应晶体管源极（S）和漏极（D）示意图

（2）判别场效应晶体管性能好坏的简单方法

通过检测场效应晶体管源漏正、反向电阻，以及测试放大能力，从而可以对其性能加以判别。同样以 N 沟道为例，检测方法及步骤如下：

1）检测场效应晶体管源漏正向电阻。将万用表置于"×1k"档，将实测管 G 极与 S 极短接一下，然后将红表笔与被测管的 D 极相接，黑表笔与 S 极相接。若测得电阻值为数千欧，则表明该场效应晶体管性能正常；若阻值为 0 或无穷大，则表明该场效应晶体管已损坏，不能使用。操作方法如图 2-43 所示。

2）检测场效应晶体管漏源反向电阻。将万用表置于"×10k"档，将被测管 G 极与 S 极用导线短接好，将红表笔接被测管的 S 极，黑表笔接 D 极。此时万用表表针应指向无穷大；若否，则表明被测管内部 PN 结的反向特性比较差；若测得阻值为 0，则表明被测管已经损坏。操作方法如图 2-44 所示。

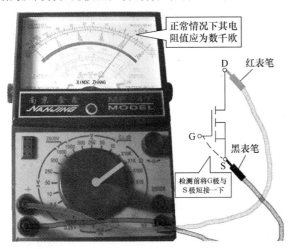
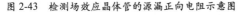

图 2-43　检测场效应晶体管的源漏正向电阻示意图

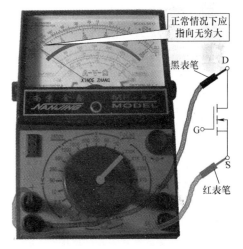

图 2-44　检测场效应晶体管漏源反向电阻示意图

3）场效应晶体管放大能力的简单测试方法。紧接上述测量后，拿掉 G、S 间的短路线，表笔位置保持与原来不动，然后给栅极（G）充电（用短路张将 D 极与 G 极短接一下并脱开），此时万用表指示的阻值应大幅度减少并稳定在某一阻值。若此阻值越小，则说明管子的放大能力越强；若万用表表针向右摆动幅度很小，则表明被测管放大能力较差，如图 2-45 所示。

相反，若对于性能正常的场效应晶体管在紧接上述操作后保持表笔原来位置不动，表针将维持在某一数值，然后给栅极放电（用短路线将 G 极与 S 极短接一下），则万用表指示值立即向左偏转至无穷大位置，如图 2-46 所示。

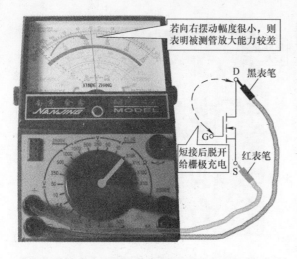

图 2-45　检测场效应晶体管的放大能力示意图

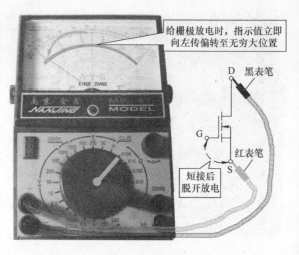

图 2-46　测试场效应晶体管性能示意图

（十一）反相驱动器识别与检测

1. 反相驱动器识别

反相驱动器又称倒相驱动器，体积中等、双列塑封、16（或 18）引脚，用"IC，或"U"、"N"表示。如图 2-47 所示，反相驱动器内集成 7 个（或 8 个）独立的倒相放大器，可以同时对多路信号进行反相放大。如果将每个反相放大器比喻为"杠杆"，其输入端 IN 相当于杠杆"小力"端，其输出端 OUT 则是杠杆的"大力"端，能以"小"撬"大"，且动作方向相反。

空调器中的反相驱动器对压缩机、室内风扇、室外风扇、四通换向阀、电加热等控制信号的倒相放大，控制继电器触点的通断或光耦合器晶闸管导通量，从而控制压缩机、风扇等设备的工作。

2. 反相驱动器检测

反相驱动器故障率极低，如果失效会引起空调器不运转或某个设备不工作，其输出端对地击穿，会引起开机压缩机或其他设备就运转且不受按键控制。

使用万用表测试反相驱动器，正常情况下，其所有输入端对地电阻相同，所有输出端的对地电阻相同。电源端 VCC 对地端 GND 电压＞ 11V，如图 2-48 所示。当输入端为高电平（2~5V）时，同一水平线上的输出端应为低电平（0.7~1V），无论这个输出是否接有器件。

确定反相驱动器损坏后，一般采用引脚数量相同的反相驱动器代换即可。

（十二）继电器识别与检测

1. 继电器识别

继电器又称电驿，是一种电子控制器件，实际上是用较小的电流去控制较大电流的一种"自动开关"。它具有控制系统（又称输入回路）和被控制系统（又称输出回路），通常应用于自动控制电路中。

常见的继电器主要分为起动继电器、压力继电器和过载保护器三大类。空调器电路中，电磁继电器主要用于通过控制电路控制继电器开断，进而控制室内、室外风扇电动机，电磁换向阀，压缩机，摆风电动机以及其他机构等。

几种常见继电器实物及触点电路符号如图 2-49~ 图 2-51、表 2-2 所示。

2. 继电器检测

继电器的常见故障是不吸合与触点黏连。当定频空调器出现继电器不吸合时会造成压缩机不运转，但室外机其他部件运转正常；当变频空调器出现继电器不吸合时，会造成室外机不工作；当定频空调器出现触点黏连会造成空调器通电压缩机就会运转，其他部件正常。

继电器出现故障，可按如下方法检测：

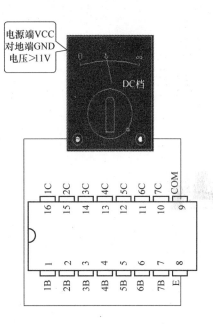

图 2-47　反相驱动器识别

图 2-48　检测反相驱动器

图2-49　室内机电脑板控制电路继电器识别

1）首先检查继电器线圈电压是否正常；

2）如果线圈电压正常，则查看继电器能否吸合；

3）如果继电器不能吸合，则说明继电器线圈损坏；

4）如果继电器能吸合，则用万用表测量各个触点是否能正常通断；

5）如果各个触点能正常通断，则说明该继电器正常；

6）如果任意触点不能通断，则该继电器触点损坏。

过热、过电流保护器

 热保护继电器安装在压缩机外部紧贴在机壳上，与电动机串联，并固定在接线盒内，它的作用是保护压缩机不致因电流过大或者温度过高而烧毁

图 2-50　热保护继电器识别

图 2-51　温度控制继电器识别

表 2-2　继电器触点电路符号识别

触点电路符号	说　明	触点电路符号	说　明
	动断（常闭）触点		中间断开双向触点
	双动合触点		①动合（常开）触点 ②开关符号
	延时断开动合触点		延时断开动断触点
	延时闭合动断触点		延时闭合动合触点
	双动断触点		先合后断转换触点
	先断后合转换触点		

（十三）电抗器识别与检测

1. 电抗器识别

电抗器主要用于空调器的电源直流电路中。在电路输入端加入电抗器，利用其感性补偿电容容性对电路造成的影响，最终降低整个系统对电网的谐波干扰。

电抗器在电路中用字母符号"L"表示，结构类似变压器，是由铁心和绝缘漆包线组成，该部件固定在室外机底盘上，如图 2-52 所示。

2. 电抗器检测

电抗器损坏，空调器主要表现为室外机噪声大、熔丝熔断、通电跳闸等故障现象。可按以下方法进行检测：

1）首先检查电抗器外表是否锈蚀或者破损，线束任一端与壳体是否相连对地短路。因电抗器磁心材料为硅钢片，并且正常工作时也有较高的温升，在潮湿的环境长期使用后易出现锈蚀、硅钢片连接焊缝断开、线圈绝缘漆受损与磁心短路、噪声增大等故障。

2）用高精度万用表测量电抗器两端、直流电阻及绕组电阻阻值是否正常，即可加以判断，如图 2-53 所示。

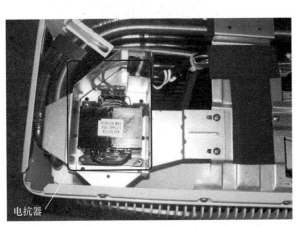

图 2-52　电抗器识别

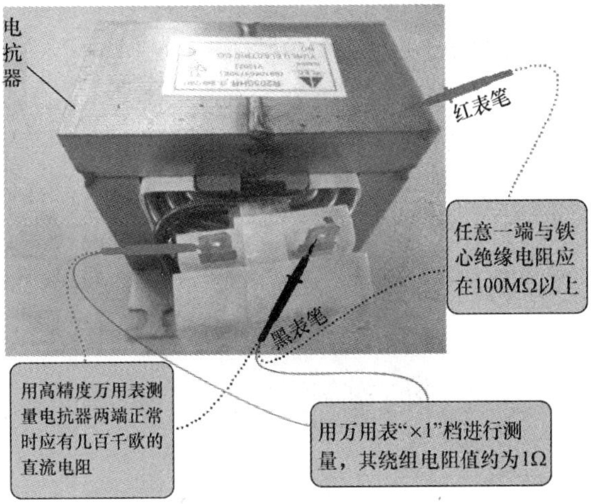

图 2-53　检测电抗器

（十四）整流桥识别与检测

1. 整流桥识别

整流桥是将数个（2 个或 4 个）整流二极管封在一起组成的桥式整流器件，其主要作用是把交流电变换为直流电，也就是整流，因此得名整流桥。整流桥一般用在全波整流电路中，其实物及电路图形识别如图 2-54 所示。

整流桥分全桥和半桥，全桥是将连接好的桥式整流电路的 4 个二极管封在一起。半桥是将两个二极管桥式整流的一半封在一起，用两个半桥可组成一个桥式整流电路，一个半桥也可以组成变压器带中心抽头的全波整流电路。

2. 整流桥检测

当整流桥后半部电路发生短路，或者整流桥长期散热接触不可靠，可能会发生内部二极管短路或断路的故障。使用万用表二极管档测试各管的正向导通电压即可判断，操作方法如图 2-55 所示。

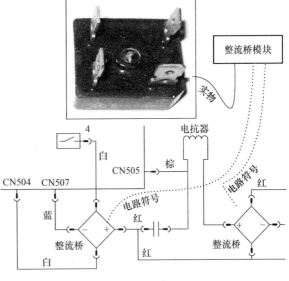

图 2-54　整流桥识别

将万用表调至二极管档，分别对整流桥内的 4 个二极管（D1、D2、D3、D4）进行测量。

（十五）温度传感器识别与检测

1. 温度传感器识别

温度传感器主要由负温度系数（PTC）热敏电阻组成，当流过它的电流较大时，其阻值较小，当流过它的电流较大时，其阻值急剧增大，PTC 热敏电阻消耗功率加大，器件会发热。当温度变化时，热敏电阻阻值也发生变化，温度升高，电阻值减少；温度降低，电阻值增大。

空调器温度传感器主要装有室内环境温度传感器、室内盘管温度传感器、室外环境温度传感器、室外盘管温度传感器、压缩机排气温度传感器。温度传感器在空调器中的位置不同，作用也略有不同。

（1）室内环境温度传感器

室内环境温度传感器如图 2-56 所示，安装于室内蒸发器进风口，由塑料件支撑，可用来检测室内环境温度是否达到设定值。

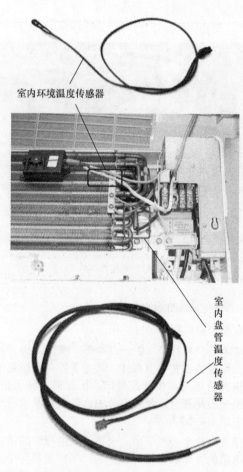

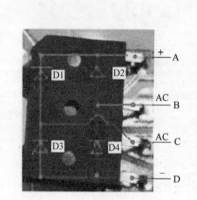

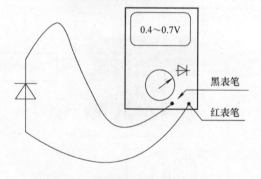

图 2-55 检测整流桥操作方法示意图

图 2-56 室内环境及盘管温度传感器

室内环境温度传感器的作用：

1）制热或制冷时用于自动控制室内温度；

2）制热时用于控制辅助电加热器工作。

（2）室内盘管温度传感器

室内盘管温度传感器安装在室内蒸发器管道上，外面用金属管包装，它直接与管道相接触，所测量的温度相近制冷系统的温度。

室内盘管温度传感器的作用：

1）冬季制热时用来做防冷风控制；

2）夏季制冷时用来进行过冷控制（防止系统制冷剂不足或室内蒸发器结霜）；

3）与单片机配合实现故障自诊断（各传感器均有此功能）；

4）用于控制室内风扇电动机的速度；

5）在制热时辅助用于室外机除霜。

（3）室外环境温度传感器

室外环境温度传感器安装在室外机散热器上，由塑料件支撑，用来检测室外环境温度，如图2-57所示。

室外环境温度传感器的作用：

1）室外温度过低或过高时系统自动保护；

2）制冷或制热时用于控制室外风扇电动机速度。

图2-57　室外环境温度传感器安装位置

（4）室外盘管温度传感器

室外盘管温度传感器安装在室外机散热器上，用金属管包装，用来检测室外管道温度，如图2-58所示。

室外盘管温度传感器的作用：

1）制热时用于室外机除霜；

2）制冷或制热时用于过热保护或防冻结保护。

（5）压缩机排气温度传感器

压缩机排气温度传感器安装在室外压缩机排气管上，用金属管包装，如图2-59所示。

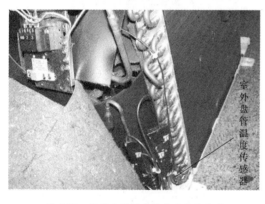

图2-58　室外盘管温度传感器安装位置

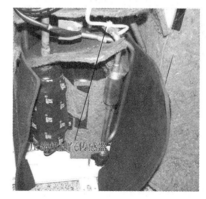

图2-59　压缩机排气温度传感器安装位置

压缩机排气温度传感器的作用：

1）在压缩机排气管温度过高时系统自动进行保护；

2）在空调器中用于控制电子膨胀阀开启度，以及压缩机运转频率的升降。

2. 温度传感器检测

检查温度传感器是否异常时，首先应检测其常温阻值与正常值是否相符，是否存在阻值偏小的情况。然后可将温度传感器用手握住升温，看阻值是否变小，如果阻值不变或始终显示一个极大电阻值或极小电阻值或者阻值异常，说明温度传感器已损坏。

同时应将各重要温度点下的阻值（至少两点：常温、高温）与正常阻值表对应，看是否一致，如图2-60、图2-61所示。

经过以上的检测就可确定室内传感器是否良好，如果室内温度传感器在常温、高温和低温状态下的电阻值没有变化或变化不明显，则表明温度传感器工作已经失常，应及时更换。如果室内温度传感器的电阻值一值都是很大（趋向于∞），则说明室内温度传感器出现故障。

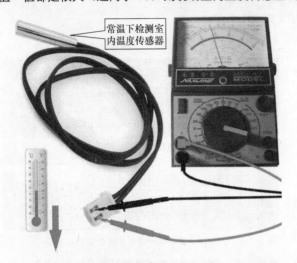

常温下检测室内温度传感器

图 2-60　常温下检测温度传感器

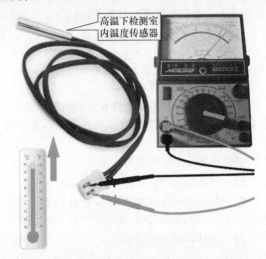

高温下检测室内温度传感器

图 2-61　高温下检测温度传感器

如果以上问题皆不存在，则为室外机电路板检测电路等问题，可直接更换室外机电路板来排除故障。

（十六）交流接触器识别与检测

1. 交流接触器识别

交流接触器是常用的电路控制器件，用来频繁地接通或断开交流主电路及大容量的自动控制器件，适合大电流、大功率场合，在空调器电路中属于强电器件。

交流接触器种类很多，结构和性能也各不相同，主要由主触点系统、灭弧装置、电磁系统、辅助触点、机械传动零件和绝缘零件组成，其实物、电路符号及电路原理如图 2-62 所示。

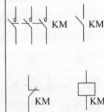

交流接触器实物　　交流接触器电路符号

交流接触器的工作原理如下：

1）未接电源时，触点 21 和 22 导通，其余断开。

2）当在触点 A1 和 A2 通上电后，触点系统 1~2、3~4、5~6、13~14 接通，触点 21~22 断开，实现多路控制目的。

交流接触器电路原理

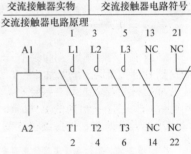

图2-62　交流接触器识别

2. 交流接触器的检测

交流接触器的检测及常见故障检修方法如下：

1）首先检查交流接触器各触点的接触是否良好，动合触点是否断开，动断触点是否闭合，通电则反之。如果触点灼伤或熔焊，则清理触点表面，更换触点，或调换合适的接触器。

2）检查线圈是否正常，如果线圈过热或烧坏，则更换线圈或接触器。

3）检查各机械部件的动作是否灵活等。人为手动接触器，看看机械方面是不是有卡阻现象、各触点是不是接触良好、松手后是否自动回弹、触点是不是平整光滑等。

4）把接触器在不动作的情况下，用万用表测量各点的电阻，动断触点电阻应为零，动合触点电阻应为无穷大，若无异常，可以先用人为的方法使接触器动作，然后再测一次各动断和动合触点的电阻，此时动合触点电阻应为零，动断触点电阻应为无穷大。

5）用万用表检查线圈的好坏也是测两个线头的电阻，一般来说，好的线圈电阻也是比较小的，此时万用表会鸣音，表示线圈没有断路，当然还得测量一下线圈的绝缘，主要是与接触器金属件的绝缘，电阻显示应为无穷大，否则有问题，应检查修理。

（十七）电加热器识别与检测

1. 电加热器识别

电加热器英文"Electricity Heater"，简写为"EH"或"HTAT"。通常固定在室内热交换器上，用于辅助加热。电加热器电路符号如图2-63所示。

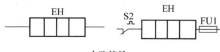

电路符号

图2-63　加热器电路符号识别

空调器通常采用的加热有3种：电加热管型、PTC半导通型，两者均是得电就发热；压缩机电加热带，通常安装在压缩机底部环绕一圈或几圈。常见空调器用电加热器如图2-64所示。

（1）电加热管

电加热管是将电阻发热丝装在特制的金属管内，外管为不锈钢，使用高阻电热合金丝发热体，改性氧化镁粉作绝缘填充料、应用缩管设备与技术，经高温氧化后成型。组件是由配套安装支架部件、温控器、温控熔断器和绝缘体构成。电加热管用于各种空调器的辅助电加热功能，帮助冷暖型空调器低温起动，补偿热泵制热功率。

单根电加热管

吸顶带散热片式电加热管组件

（2）PTC电加热器

PTC（正温度系数）电加热器是由若干单片PTC陶瓷片并联组合后与波纹铝条经高温胶结组成，是具有PTC的半导体陶瓷发热元件，特点在安全性能上，即遇风扇电动机故障停转时，PTC电加热器因得不到充分散热，其功率会自动急剧下降，此时加热器的表面温度维持在居里温度左右（一般在250℃上下），从而不致产生如电热管类加热器表面"发红"现象。另外，PTC电热器的整体外形轻巧，在整机装配极为便捷。

PTC电加热器结构图

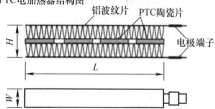

柜机用单体和组件实物图

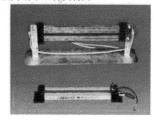

（3）压缩机电加热带

如果压缩机处于较长期停止状态，与润滑油亲和性很强的制冷剂就会大量溶入润滑油中，在这种状态下开起压缩机，容易造成压缩机难以起动，甚至损坏压缩机。压缩机加热带利用外部加热使压缩机内的液体制冷剂驱赶出来，避免压缩机内润滑油大量外流，使压缩机内润滑油减少，引起轴承润滑不良烧坏。

另一方面，可避免液体制冷剂稀释润滑油，在R22低温状态下，制冷剂液体和润滑油双层分离，造成轴承部分不足，甚至烧坏轴承，烧坏压缩机。

压缩机电加热带

图2-64　常见空调器用电加热器识别

2. 电加热管检测

空调器电加热器的工作一般由芯片控制，发出加热指令，电热加器工作，当感温包感受到环境温度较低时，开始工作。电加热器最常见的故障是电热丝断、丝间短路或绝缘损坏等，其故障表现为电加热器不工作或工作不正常。检修时可用万用表测试其电阻值来进行判断，具体操作如下：

1）若阻值为无穷大则说明其为断路；

2）若阻值很小则说明其为短路；

3）若电热器工作但无热风吹出，则检查电热丝或电路板是否有问题（可用万用表对电路板进行检查，看继电器是否有电源输出来判断）；

4）也可用万用表对电加热器接线端子和其金属外壳的绝缘电阻进行检测，其值应大于30MΩ。

（十八）过载保护器识别与检测

1. 过载保护器识别

过载保护器又称保护继电器、过热保护器、超载保护器、过电流保护器，既具过电流保护功能，又具有过热保护功能。过载保护器通常串联在压缩机供电电路。

过载保护器一般是由接线柱、发热丝、触点、双金属片、动片和外壳组成，其最重要的零件是双金属片，保护器就是根据双金属片跳开和闭合来起保护作用的。保护器里面还充满有惰性气体——氩气，主要是起灭弧和导热的作用。

过载保护器分内置式和外置式两种，内置式过载保护器装于压缩机内部，能直接感受绕组温度，如果损坏通常不能维修；外置式过载保护器是一种常态闭路装置，固定在压缩机的顶部，如图2-65所示。当压缩机过电流或温度过高时，自动断开，切断压缩机供电电路，避免高温损坏。

2. 过载保护器检测

可使用万用表电阻档检测过载保护器性能好坏，如图2-66所示。常温环境下，过载保护器两端阻值应在0~几欧。如果测试值很大或无穷大，则说明该过载保护器已损坏。

过载保护器的维修很方便，在查清过载或电流过大原因后，只需更换同型号过载保护器即可。

（十九）遥控接收器识别与检测

1. 遥控接收器识别

接收器在空调器中主要用于接收遥控器所发出的各种运转指令，再传给电脑板主芯片来控制整机的运行状态。图2-67所示为遥控接收器。

外置过载保护器通常位于压缩机顶端的接线盒内

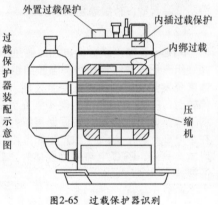

外置过载保护　内插过载保护　内绑过载　压缩机

过载保护器装配示意图

图2-65　过载保护器识别

测试过载保护器的电阻值

图2-66　检测过载保护器

接收头

图2-67　遥控接收器

2.遥控接收器检测

遥控接收器有问题后会使按遥控后空调器无反应故障，此时可用指针式万用表电压档，检测遥控接收器信号端和地两引脚之间，按下遥控器按键时有没有电压浮动，如果有，就是正常的。

正常情况下，当遥控接收器收到信号时，遥控器的②、③脚两引脚间的电压应低于5V，若无信号输入时，两引脚间的电压应为5V，否则应更换部件。

三、学后回顾

通过今天的面对面学习，对空调器通用元器件实物识别、电路符号以及检测方法有了直观的了解和熟知，在今后的实际使用和维修中应回顾以下2点：

1）空调器电路中都有哪些通用元器件？＿＿＿＿＿＿＿＿＿＿＿＿＿＿＿＿＿＿＿＿＿。它们在电路中的各自作用是怎样的？＿＿＿＿＿＿＿＿＿＿＿＿＿＿＿＿＿＿＿＿＿。

2）空调器通用元器件各自的检测方法是怎样的？＿＿＿＿＿＿＿＿＿＿＿＿＿＿＿。

第7天　空调器专用元器件识别与检测

一、学习目标

今天主要学习空调器专用元器件识别与检测方法，通过今天的学习要达到以下学习目标：

1）了解空调器电路有哪些专用元器件？这些专用元器件的各自作用是什么？

2）掌握空调器专用元器件实物识别、电路结构原理以及检测方法。

3）熟知空调器专用元器件各自的电路功能。今天的重点就是要特别掌握空调器专用元器件实物识别、电路结构原理以及检测方法，这是空调器维修中经常要用到的一种基本知识。

二、面对面学

（一）电磁四通阀识别与检测

1.电磁四通阀识别

电磁四通阀是热泵型空调器中的一个重要部件。它的作用是在制冷或制热运转方式下，改变制冷剂在制冷系统中的流向，从而实现夏季制冷、冬季制热的目的。

电磁四通阀主要由控制阀与换向阀两部分组成，其实物及内部结构原理如图2-68所示。

电磁四通阀的控制阀与换向阀两个部分结构紧密、互相连动。工作过程如下：

1）通过控制阀上的电磁线圈和弹簧的作用力，打开和关闭其上的毛细管通道，使换向阀进行换向。

2）在制冷时电磁线圈不得电，控制阀内的阀塞将右方的毛细管与中间的公共毛细管的通道关闭。使左方毛细管与中间的公共毛细管的通道导通，中间公共毛细管与换向阀低压吸气管相连。所以换向阀左端为低压腔。

3）在压缩机排气压力的作用下，活塞向左移动，直至活塞上的顶针将换向阀的针座堵死。

4）在托架移动过程中，滑块将室内换热器（为蒸发器）与换向阀中间低压管沟通，高压排气管与室外侧换热器（为冷凝器）相通，此时的空调器做制冷循环，使室内温度下降。

5）在制热时电磁线圈得电，控制阀塞在电磁吸力的作用下向右移动，关闭了左侧毛细管与公共毛细管的通道，打开了右侧毛细管与公共毛细管的通道。使换向阀右端为低压腔，活塞向右移动直至活塞上的顶针将换向阀的针座堵死，这时高压排气管与室内侧换热器（即蒸发器）沟通，空调器做室内制热循环，使室内温度升高。

2. 电磁四通阀检测

空调器电磁四通阀的线圈（电磁阀线圈）异常，使电磁四通阀的换向阀内的阀芯不能切换时，主要产生如下故障现象：

1）可以制冷、不制热。

2）可以制热、不制冷。

3）制冷或制热效果差。至于会产生不制热故障，还是会产生不制冷的故障，取决于电脑板的控制或换向阀管路的连接。

怀疑电磁四通阀线圈时采用"2k"档测量，正常时电磁四通阀线圈的阻值为 $1.458k\Omega$ 左右。若阻值过大，则说明线圈开路；若阻值过小，则说明线圈短路。

电磁阀损坏后可以单独更换，先拔掉它的插头，再拆掉它与换向阀上的固定螺钉，就可以取下电磁阀。再用正常的电磁阀更换即可。

（二）电子膨胀阀识别与检测

1. 电子膨胀阀识别

电子膨胀阀是一种利用电子控制器通过电缆向线圈发出脉冲控制信号，控制施加于膨胀阀上的电压或电流，从而控制阀针的动作实现阀口流通面积改变达到流量自动调节目的的节流部件。

电子膨胀阀是空调器的重要部件之一，其实物及原理、接线如图 2-69 所示。

市场主流空调器电子膨胀阀，控制脚分别是 1—公共端；2—公共端；3—B 反相；4—A 反相；5—B 相；6—A 相。

2. 电子膨胀阀检测

电子膨胀阀故障表现主要为电子膨胀阀线圈短路或开路、膨胀阀阀针卡死等。故障的判定方法如下：

（1）电子膨胀阀不调节、电子膨胀阀卡死检测方法

1）首先根据显示板故障代码及空调器故障现象判定是否在电子膨胀阀组件段出现堵、节流异常故障；

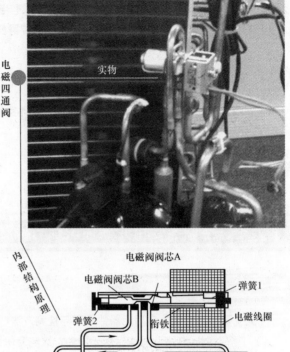

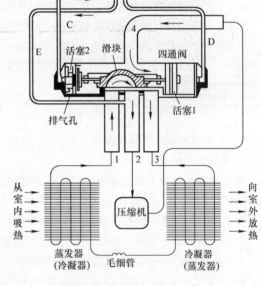

图2-68　电磁四通阀识别

2）接通电源，重新开机，用手感电子膨胀阀是否有动作或耳听阀体是否有"咔咔"的动作音；

3）若无动作，则确认阀体是否完全套入线圈内；

4）若阀体与线圈套入正常，则检查线圈与电路板连接是否可靠；

5）若线圈与电路板连接正常，则检查导线与端子连接是否正确；

6）若导线与端子连接也正常，则检查线圈通电情况（正常电压应为 $12V\pm1.2V$）；

7）若线圈通电正常，则测试线圈各相与其公共端（一般为蓝线或灰线）电阻是否符合要求 $46\Omega\pm3\Omega$；

8）若出现无电阻或电阻偏差较大问题，则判断为电子膨胀阀线圈故障；

9）若线圈无故障，则判定为电子膨胀阀卡死。

（2）电子膨胀阀不调节、电子膨胀阀线圈脱落检测方法

1）首先检查电子膨胀阀线圈是否脱离电子膨胀阀；

2）若线圈脱落重新固定后故障消失，则判定为此故障。

（3）电子膨胀阀不调节、电子膨胀阀线圈坏检测方法

1）首先测试电子膨胀阀线圈各相与其公共端电阻是否符合要求 $46\Omega \pm 3\Omega$；

2）若出现无电阻或电阻偏差较大问题，则判断为此故障。

（三）IGBT 和 IPM 识别与检测

1. IGBT 和 IPM 识别

IPM 英文全称 "Intelligent Power Module"，即智能功率模块，集成门级驱动及众多保护功能（包括过热、过电压、过电流、欠电压保护等）的 IGBT 模块。变频空调器电路中的 IGBT 和 IPM 如图 2-70 所示。

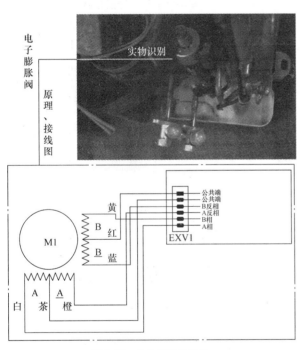

图 2-69　电子膨胀阀识别

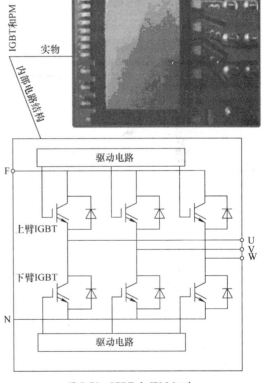

图 2-70　IGBT 和 IPM 识别

IPM 不仅把功率开关器件和驱动电路集成在一起，而且还内藏有过电压、过电流和过热等故障检测电路，并可将检测信号送到 CPU。它由高速低功耗的管心和优化的门极驱动电路以及快速保护电路构成，即使发生负载事故或使用不当，也可以保证 IPM 自身不受损坏。

IPM 一般使用 IGBT 作为功率开关器件，内藏电流传感器及驱动电路的集成结构。通俗地讲，IPM 就是直流压缩机的电源，IGBT 则是压缩机的控制开关，两者兼备，缺一不可。

2. IGBT 和 IPM 检测

IPM 故障通常可分为驱动 IC 损坏和 IGBT 损坏。若某一路 IGBT 发生损坏，可以直接通过万用表二极管档检测，正向应无导通，反向应有二极管电压降，如图 2-71 所示。

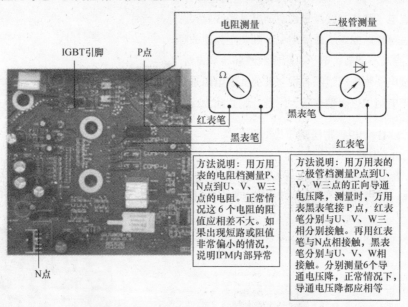

方法说明：用万用表的电阻档测量P、N点到U、V、W三点的电阻。正常情况这 6 个电阻的阻值应相差不大。如果出现短路或阻值非常偏小的情况，说明IPM内部异常

方法说明：用万用表的二极管档测量P点到U、V、W三点的正向导通电压降，测量时，万用表黑表笔接P点，红表笔分别与U、V、W三相分别接触。再用红表笔与N点相接触，黑表笔分别与U、V、W相接触。分别测量6个导通电压降，正常情况下，导通电压降都应相等

图2-71　IGBT和IPM的测试点及测试方法示意图

也可用电阻档分别测 P、N 到 U、V、W 三相的电阻是否正常来加以判断（正常阻值应为 380~450Ω）。还可用 3 只同型号的灯泡测试，观察 IPM 是否正常。

（四）风扇电动机识别与检测

1. 风扇电动机识别

空调器风扇电动机分为内风扇电动机和外风扇电动机，内风扇电动机的作用就是进行热交换，制冷的时候吸热散冷，制热的时候吸冷散热。外风扇电动机是给冷凝器散热用的，提高冷凝器的换热效率。如果没有外风扇电动机，空调器的效果会大打折扣，并且可能会造成系统压力保护。

空调器风扇电动机一般为小功率电动机，按工作原理分为异步电动机、同步电动机、直流电动机、交流换向器电动机四大类。按使用功能分为分体机室内电动机、分体机室外电动机、柜机室内电动机、大分体或柜机室外电动机、窗机电动机，如图 2-72 所示。

空调器风扇电动机的结构如图 2-73 所示，主要是由定子总成、转子总成、端盖等组成。

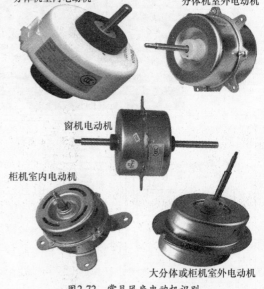

图2-72　常见风扇电动机识别

2. 交流风扇电动机检测

空调器交流风扇电动机分单速电动机和双速电动机，两种风扇电动机接线图如图 2-74 所示，检测方法如下：

1）首先拔出风扇电动机的红、棕、黑色线（倒扣电器盒为 OFAN 端子线，对应有白、黑、蓝 3 根线）；

2）用万用表的电阻档测试三线两两之间的电阻，一般为几百欧，否则为开路，可确定为风扇电动机绕组烧坏；

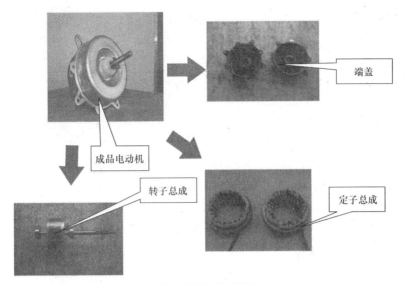

图2-73　风扇电动机结构组成

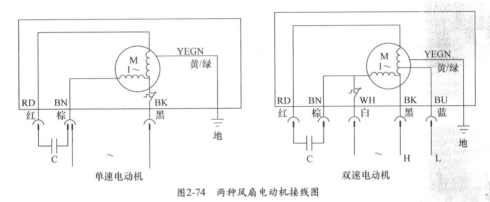

图2-74　两种风扇电动机接线图

3）也可取下电动机，单独接上同规格的电容器，棕、黑线间（倒扣电器盒为白、黑线间）通入交流电源进行测试。

3. 直流风扇电动机检测

图2-75所示为内置驱动内外风扇电动机接线示意图及参数，检测方法如下：

线色	字母代号	接口定义	电压范围/V	额定/V
红	RD	VDC	DC 310	DC 310
黑	BK	Gnd	—	—
白	WH	Vcc	DC 13.5～16.5	DC 15
黄	YE	Vsp	DC 0～6.5	—
蓝	BU	FG	—	—

图2-75　内置驱动内外风扇电动机接线示意图及参数

1）首先拔出风扇电动机接线插头，测试红、白、黄、蓝对黑（地线）的电阻，正常值应为几十千欧或几百千欧；

2）如果只有几欧或阻值更小，则可以判定风扇电动机损坏。

（五）压缩机识别与检测

1. 压缩机识别

压缩机在制冷系统里面的主要作用，是把从蒸发器来的低温、低压气体压缩成高温、高压气体，为整个制冷循环提供源动力。压缩机实物及内部结构原理如图2-76所示。

不同空调器厂家的压缩机，其接线柱方位虽然不同，但在每个接线柱旁都标有字母；对于单相压缩机而言，C表示公共端，R表示一次绕组端，S表示二次绕组端。各绕组接线一定要按图示方法，否则压缩机不能正常工作，甚至烧毁。

普通空调器压缩机电动机是单相电动机，其定子绕组为2组：一组为起动绕组；另一组为运行绕组。交流变频压缩机电动机是三相电动机，其定子绕组为阻值基本一样的3个绕组。两者电动机的区别如图2-77所示。

变频空调器压缩机有3个绕组，每次会有2个绕组通电，形成推力，绕组间会按规律切换，让压缩机按设定频率运行。图2-78所示为变频压缩机180°通电方式及转换顺序。

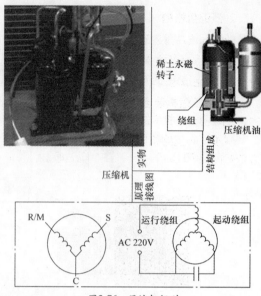

图2-76 压缩机识别

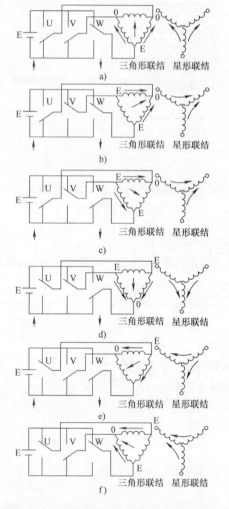

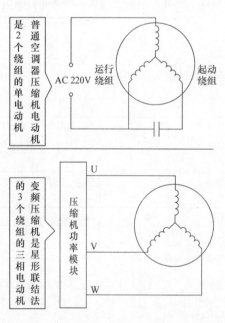

图2-77 普通压缩机与变频压缩机电动机区别　　图2-78 变频压缩机180°通电方式及转换顺序

2. 压缩机检测

一般来说，可以通过如下方法大致判断空调器压缩机的好坏：

1）用万用表检查压缩机阻值（压缩机厂家不同其阻值不同）；

2）用绝缘电阻表摇一下压缩机绕组有没有对地（对地压缩机烧坏）；

3）将压缩机通电运转，用手摸下吸、排气口有没有吸、排气，如果通电后压缩机不运转，电流也很大，则说明压缩机卡缸了。

由于变频压缩机电动机是三相交流异步电动机，所以三相绕组阻值基本相同，测量三相绕组直流电阻方法如图 2-79 所示。

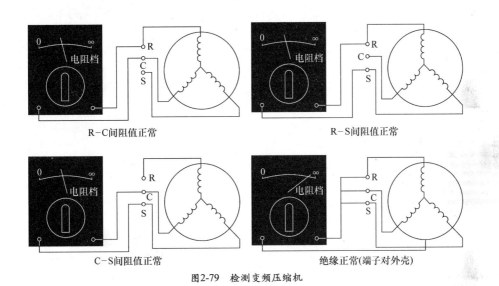

R-C间阻值正常　　　　　　　R-S间阻值正常

C-S间阻值正常　　　　　　绝缘正常(端子对外壳)

图2-79　检测变频压缩机

例如，三洋 C-6RV73HOW 型压缩机，其直流电阻如下（环境温度 25℃）：R-S 之间 1.3170Ω；S-T 之间 1.375Ω；T-R 之间 1.376Ω。

一般情况下，若所测阻值均在 2Ω 左右，且基本相等，可认为压缩机电动机是好的。接线时，可按压缩机接线盖上的标注与接线端子对应即可。

当不能分清 R、S、T（C）三端，又不知如何连接时，可先将线接到压缩机三端子上，如果此时压缩机出现抖动，表明压缩机相序错误，应对调任意两根线，改变压缩机转向即可消除。

三、学后回顾

通过今天的面对面学习，对空调器专用元器件有了直观的了解和熟知，在今后的实际使用和维修中应回顾以下 3 点：

1）空调器有哪些专用元器件？_____。

2）空调器专用元器件各自的电路结构及功能是 _____。

3）空调器专用元器件各自的检测方法是怎样的？_____。

第8天 空调器电路组成

一、学习目标

今天主要学习空调器的电路组成，通过今天的学习要达到以下学习目标：

1）了解空调器的电路主要有哪些？这些电路的主要作用是什么？

2）掌握空调器电路中的具体电路是如何组成的。

3）熟知空调器各电路的电路组成框图。今天的重点就是要特别掌握空调器各电路组成框图，这是空调器维修中经常要用到的一种基本知识。

二、面对面学

变频空调器的电控系统主要由室内主控板、室外主控板以及压缩机组成。其内外通过相线、零线、地线和通信线相连。

（一）室内机控制框图

变频空调器的室内机电气控制框图如图 2-80 所示。

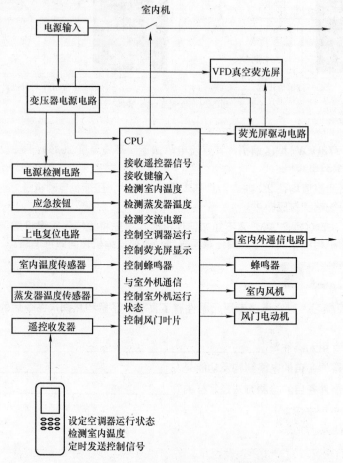

图2-80 变频空调器室内机电气控制框图

室内机主板主要具有以下功能：

1）接收用户发来的温度需求信息；

2）采集环温、管温等相关信息并传至室外机；

3）显示各种运行参数或保护。

（二）室外机控制框图

变频空调器的室外机电气控制框图如图 2-81 所示。

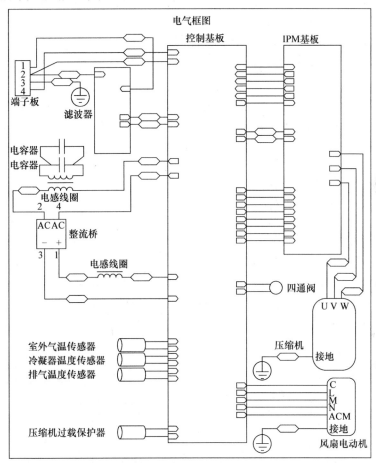

图2-81　变频空调器的室外机电气控制框图

室外机主板主要具有以下功能：

1）接收室内通信，综合分析室内环境温度、室内设定温度、室外环境温度等因素，对压缩机变频调速控制。

2）根据系统需要，控制室外风扇、四通阀、压缩机、电加热等负载。

3）采集排气、管温、电压、电流、压缩机状况等系统参数，判断系统在允许的工作条件内是否出现异常。

三、学后回顾

通过今天的面对面学习，对空调器电路组成、作用和电路组成框图有了直观的了解和熟知，在今后的实际使用和维修中应回顾以下 3 点：

1）空调器由哪些电路组成？_____。

2）空调器各大电路的作用是 _____。

3）空调器各电路内部信号流程是 _____。特别要学会手绘空调器电路组成的内部电路示意图 _____。

第9天　空调器部件组成

一、学习目标

今天主要学习空调器部件组成，通过今天的学习要达到以下学习目标：

1）了解空调器空气循环系统、制冷系统、控制电路板分别主要由哪些部件组成？

2）掌握空调器空气循环系统、制冷系统、控制电路板各主要部件实物结构及功能。

3）熟知空调器空气循环系统、制冷系统、控制电路板各主要部件与整机的工作关系。今天的重点就是要特别掌握空调器循环系统、制冷系统、控制电路板各主要部件实物结构及功能，这是空调器维修中经常要用到的一种基本知识。

二、面对面学

（一）空调器空气循环系统部件组成

空调器空气循环系统中风扇有 3 种形式：贯流风轮、离心风轮和轴流风叶，作用是强制热交换，提高热交换能力。

1. 贯流风轮

贯流风轮通常使用在分体壁挂式空调器室内机上，如图 2-82 所示。贯流风轮的作用是将室内空气吸入蒸发器表面进行降温去湿。

图2-82　贯流风轮

通过不断的发展，目前有普通贯流风轮、斜贯流风轮和斜扭贯流风轮，即抗菌贯流风轮。

维修贯流风轮的依据是直径和长度，至于风量等指标是开发工程师已经匹配好的，维修不用考虑，风轮材料有 ABS 和塑料或镀锌薄钢板。

2. 离心风轮

离心风轮通常使用在窗式空调器室内侧和柜机室内机上，其作用和特点基本同贯流风轮。通过不断的发展目前有各种颜色不同样式的离心风轮，如图 2-83 所示。

维修离心风轮的依据是直径和高度，至于风量等指标是开发工程师已经匹配好的，维修不用考虑，风轮材料有 ABS 塑料、铝合金或镀锌薄钢板。

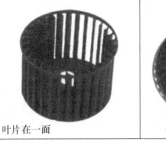

图2-83　不同形式的离心风轮

3. 轴流风叶

轴流风叶通常使用在分体式空调器室外机或窗式空调器室外侧，用来冷却冷凝器，加速冷凝器吹风换热。通过不断的发展目前有普通轴流风叶、带齿轴流风叶和带环流风叶，如图 2-84 所示。

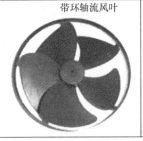

图2-84　不同形式的轴流风叶

维修贯流风叶的依据是直径、高度和叶片数，至于风量等指标是开发工程师已经匹配好的，维修不用考虑，风轮材料有 ABS 塑料、铝材压制成型或镀锌薄钢板。

4. 过滤网

过滤网通常装在室内机进风口，如图 2-85 所示，室内空气通过过滤网滤去灰尘后，再进入蒸发器进行热交换。

图2-85　过滤网

过滤网通常分为空气过滤网和清洁过滤网两类：

1）空气过滤网。主要材料是塑料纤维或多孔泡沫塑料，可以滤去空气中很小的尘埃，由于经空气过滤网后，空气中大部分灰尘被滤除，沉积在过滤网上，过一段时间后会堵塞滤网，造成空气通路受阻，风量减少，换热效率降低，因此空气过滤网经常清洗，以保空气畅通。

2）清洁过滤网。采用蜂窝网状结构，并填装活性物质，这样既能滤去更小的灰尘，又能吸附烟味、臭味等有害的物质，并填装活性物质，这种过滤网使用一段时间后，需重新更换，一般不能再生使用。

5. 风道

通俗地讲就是风经过的道路，一般分为室内风道和室外风道。风量及噪声是风道设计最重要的两个指标，因此室内风道设计更为重要。

影响室内风量和噪声的零部件：锅壳、底盘、电动机、风轮、蒸发器、电辅热（如 PTC 加热器）、出风框、面框、面板、导风板、百叶、过滤网、健康滤网。图 2-86 所示为柜机主要部件（蜗壳）。

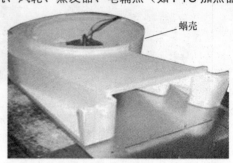

蜗壳

6. 导风叶片

为了使房间温度分布更加均匀或实现定向送风，空调器在室内机出风口设置导风叶片。如图 2-87、图 2-88 所示分别为壁挂机导风叶片和柜机导风叶片。

导风叶片根据导风方向分为左右导风叶片和上下导风叶片，根据运转方式分为手动导风叶片和自动导风叶片。手动导风叶片可随意调节叶片位置；自动导风叶片由步进电动机或同步电动机调节，可实现定向送风和连续扫射送风。

图2-86 蜗壳

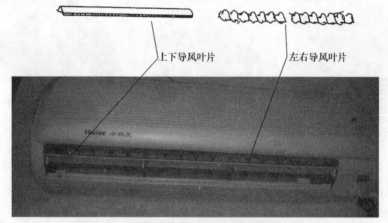

上下导风叶片　　　　左右导风叶片

图2-87 壁挂机导风叶片

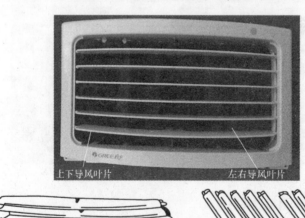

上下导风叶片　　　　左右导风叶片

上下导风叶片　　　　左右导风叶片

图2-88 柜机导风叶片

（二）空调器制冷部件组成

空调器制冷部件主要由冷凝器、蒸发器、毛细管、单向阀等部件组成。其中，冷凝器和蒸发器统称为

热交换器，都是用铜管（现在也有用铝管的）反复弯曲以后，外面再加上薄铝片以利散热（冷）。

1. 冷凝器

冷凝器是一种高压部件，由纯铜管和铝合金翅片组成，安装在压缩机排气口和毛细管之间的一种器件，如图 2-89 所示。

冷凝器的作用是将压缩机排出的高温、高压制冷剂气体，通过冷凝器的管壁和翅片将热量传给周围空气而凝结为液体，凝结过程中，冷凝压力不变，温度降低。

冷凝器的常见故障及分析处理方法如下：

1）漏。产生漏点多为盘管有裂纹或砂眼，出现漏点，也可能是烧焊过程中未焊好，从表面检查漏点，迹象多为冷凝器和油污出现。

2）异物堵塞。出现堵塞现象，多为系统内有异物造成，也可能是烧焊过程中焊堵。

3）铝合金翅片上积存附着大量的灰尘或油污。环境周围有较多的灰尘，周围有油烟，如室内、外机靠近厨房灶间。

图2-89　冷凝器

4）制冷系统内油质氧化变质，使换热效果下降。盘管内壁有油垢，压缩机磨损严重，系统中混有空气。

2. 蒸发器

蒸发器又称冷却器，它是制冷循环中获得冷气的直接器件，是制冷系统中的低压部件，由纯铜管和铝合金翅片组成，一般装在室内机组中，如图 2-90 所示。

蒸发器的作用是在冷凝器中凝结后的高压制冷剂液体，经过滤器到毛细管节流降压后进入蒸发器，变成低压饱和气体过程中，吸收外界热量，使周围空气温度降低。

蒸发器常见故障主要如下，故障分析方法与冷凝器一样：

1）漏；

2）铝合金翅片上积存附着大量的灰尘或油污；

3）异物堵塞；

4）制冷系统内油质氧化变质，使换热效果下降。

3. 毛细管

毛细管是制冷系统中的节流部件，主要作用是节流和降压，装在冷凝器和蒸发器之间，如图 2-91 所示。

图 2-90　蒸发器

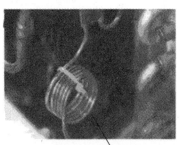

毛细管

图 2-91　毛细管

毛细管的作用是从冷凝器流出的高压液体经过细小的毛细管时将受到较大的阻力，由于液体制冷剂的流量减少，限制了制冷剂进入蒸发器的流量，使冷凝器保持较稳定的压力，毛细管两端的压力差也保持稳定，这样使进入蒸发器的制冷剂压力降低。毛细管的大小和长度由制冷量大小决定，通过匹配试验每一规格的空调器有不同的毛细管大小和长度。

空调器的毛细管故障主要是堵塞，而最容易发生的是冰堵和脏堵。可利用毛细管流量检测机进行检测，如图2-92所示。该设备属于精密检测类仪器，其工作原理为通过检测毛细管在某种条件下的内部流量值，对其阻塞程度进行判断。通过更换夹模可对不同管径的毛细管进行检测。

也可根据制冷系统的故障现象大致进行判断。制冷剂通路阻断，系统不制冷，停机一段时间开机又可以制冷，时间不长又再次发生堵塞，可能为毛细管存在冰堵故障，一般发生在毛细管出口处。如果不管制冷系统停机多长时间再起动也不制冷，一般为毛细管存在全堵故障。

图2-92　毛细管流量检测机

4. 单向阀

单向阀又称止逆阀，主要用于热泵型空调器上，与辅助毛细管并联在系统中，如图2-93所示。

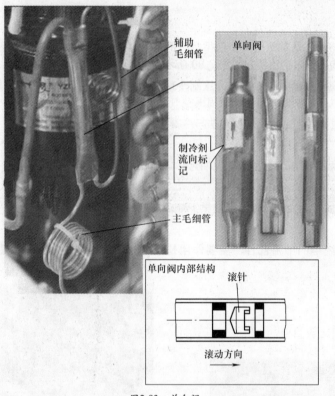

图2-93　单向阀

单向阀只允许制冷剂单方向流动，装在管路中起防止制冷剂气体或液体倒流的作用，配合电磁四通换向阀改变制冷剂的流向及系统压力，一般在单向阀的外表面用箭头标出制冷剂的流向。

单向阀常见故障及分析处理方法如下：

1）当单向阀阀芯被堵后会出现结霜的现象，会造成制冷效果差。

2）当单向阀关闭不严，制热时制冷剂通过关闭不严的单向阀，造成系统高压压力下降制热效果差。可用压力表检测系统高压压力并与正常状况的数值进行比较并同时观察单向阀表面是否结霜。

3）当阀体内的尼龙阀体被系统脏堵、与它一体的毛细管也被脏堵后，就会造成制冷、制热效果差，甚至不制冷、制热，此时应更换新部件。

（三）空调器控制电路板组成

空调器电路板（PCB），主要功能是固定控制电路的器件，提供板上电路元器件的相互连接。空调器电路板主要有室内控制板、室外控制板、显示板、遥控主板、变频板等。

1. 室内、室外机控制板

空调器的室内机控制板为室内机部件，室外机控制板为外机部件，如图2-94所示。

室内、室外机控制板相互通信以达到共同控制空调器的目的。目前大多数普通空调器都是只有室内机一块控制板（部分品牌也有室内、室外机控制板，例如三菱等）。变频空调器则室内、外机都有控制板。

图2-94　空调器室内、室外机控制板

2. 室外机电源板

室外机电源板如图2-95所示，其电路主要有如下功能：

1）强电滤波；

2）产生310V直流电压；

3）根据系统需要，控制室外风扇、四通阀、压缩机电加热等负载。

3. 显示板

空调器显示板用来反映空调器工作状态和功能，如制冷制热、室内与室外的温度显示等。图2-96所示为壁挂机和柜机显示板。

空调器显示板电路比较简单，主要是由单片机、发光二极管、限流电阻、红外线接收器、按键开关等元器件组成，按其电路结构可分为二极管、数码管、液晶显示电路3种形式。

图2-95　室外机电源板

4. 遥控主板

遥控主板是用来远控空调器的主要部件，如图2-97所示。

遥控主板主要由形成遥控信号的微处理器芯片、晶体振荡器、放大晶体管、红外发光二极管以及键盘矩阵组成。

5. 变频板

变频板又称功率模块或IPM组件，是变频空调器的核心器件，也是变频压缩的直接供电器件，如图2-98所示。

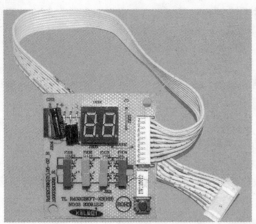

图2-96 壁挂机和柜机显示板

图2-97 遥控主板

图2-98 变频板

变频板电路的工作原理如下：直流电输入变频板，经微控电路处理后，输出电压可变的三相电压，驱动变频压缩机运转。

三、学后回顾

通过今天的面对面学习，对空调器空气循环系统、制冷系统有了直观的了解和熟知，在今后的实际使用和维修中应回顾以下3点：

1）空调器循环系统是由哪些部件组成，各有什么功能？_____

2）空调器制冷系统是由哪些部件组成，各有什么功能？_____

3）空调器控制电路板主要有_____，各有什么功能？_____

第10天 定/变频空调器工作原理简介

一、学习目标

今天主要学习定/变频空调器工作原理，通过今天的学习要达到以下学习目标：

1）了解定频空调器制冷/制热工作原理是怎样的。

2）掌握变频空调器工作原理是怎样的。

3）熟知定频空调器制冷/制热循环流程，以及变频空调器工作原理框图。今天的重点就是要特别掌握定频空调器制冷/制热循环流程，以及变频空调器工作原理框图，这是空调器维修中经常要用到的一种基本知识。

二、面对面学

（一）定频空调器制冷/制热原理简介

1. 制冷原理

空调制冷原理如图2-99所示，整个制冷工作过程如下：

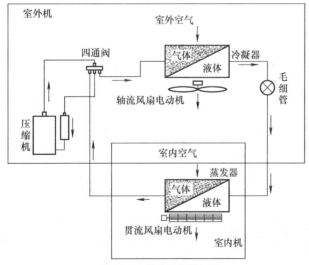

图2-99 空调器制冷循环图

1）空调器工作时，制冷系统内的低压、低温制冷剂蒸气被压缩机吸入，经压缩为高压、高温的过热蒸气后排至冷凝器。

2）同时室外侧风扇吸入的室外空气流经冷凝器，带走制冷剂放出的热量，使高压、高温的制冷剂蒸气凝结为高压液体。

3）高压液体经过节流部件（毛细管）降压降温流入蒸发器，并在相应的低压下蒸发，吸取周围热量。

4）同时室内侧风扇使室内空气不断进入蒸发器的肋片间进行热交换，并将放热后的变冷的气体送向室内。

5）如此，室内、外空气不断循环流动，达到降低温度的目的。

2. 制热原理

空调热泵制热是利用制冷系统的压缩冷凝热来加热室内空气的，如图 2-100 所示，整个制热工作过程如下：

1）低压、低温制冷剂液体在蒸发器内蒸发吸热，而高温、高压制冷剂气体在冷凝器内放热冷凝。

2）热泵制热时通过四通阀来改变制冷剂的循环方向，使原来制冷工作时作为蒸发器的室内盘管变成制热时的蒸发器。

3）这样制冷系统在室外吸热，室内放热，实现制热的目的。

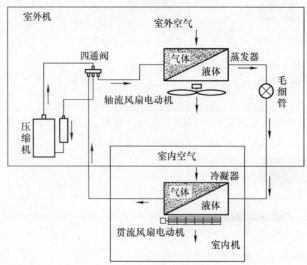

图2-100　空调器制热循环图

（二）变频空调器工作原理简介

变频空调器整机电路主要是由室内控制电路、室外控制电路、功率模块调速电路等组成。图 2-101 所示为变频空调器工作原理框图，工作过程如下：

1. 室内机控制电路工作过程

首先室内机主板 CPU 接收遥控器发送的设定模式与设定温度信号与环温传感器温度相比较，若达到开机条件，控制室内机主控继电器吸合，向室外机供电。室内机主板 CPU 同时根据蒸发器温度信号，结合内置的运行程序计算出压缩机目标运行频率，通过通信电路传送至室外机主板 CPU。

2. 室外机控制电路工作过程

室外机主板 CPU 根据室外环温传感器、室外管温传感器、压缩机排气温度传感器及市电电压等信号，综合室内机主板 CPU 传送的信息，得出压缩机的实际运行频率，输出控制信号至功率模块。

3. 功率模块调速电路工作过程

功率模块是将 300V 直流电转换为频率与电压均可调的模拟三相交流电的变频装置，内含 6 个大功率 IGBT 开关管，构成三相上下桥式驱动电路。

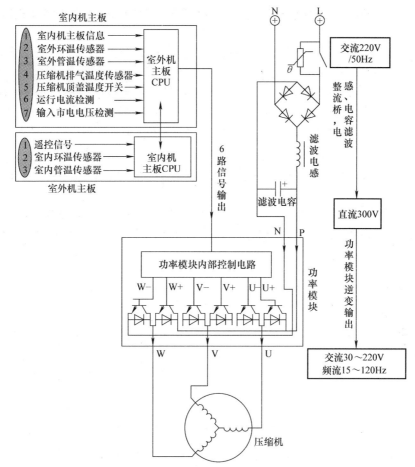

图2-101　变频空调器工作原理框图

室外机主板 CPU 输出的控制信号使每只 IGBT 导通 180°，且同一桥臂的两只 IGBT 一只导通时，另一只必须关断，否则会造成直流 300V 直接短路，且相邻两相的 IGBT 导通相位差在 120°，在任意 360°内都有 3 只 IGBT 开关管导通，以接通三相负载。在 IGBT 导通与截止的过程中，输出的两相模拟交流电中带有可以变化的频率，且在一个周期内，如 IGBT 导通时间长而截止时间短，则输出三相交流电的电压相对应就会升高，从而达到频率与电压均可调的目的。

功率模块输出的三相模拟交流电加在压缩机的两相异步电动机上，压缩机运行，系统工作在制冷或制热模式。如果室内温度与设定温度的差值较大，室内机主板 CPU 处理后送至室外机主板 CPU，室外机 CPU 综合输入信号处理后，输出控制信号，使功率模块内部的 IGBT 导通时间长而截止时间短，从而输出频率与电压均相对较高的三相模拟交流电加至压缩机，压缩机转速加快，单位制冷量也随之加大，达到快速制冷的目的。

反之，当房间温度与设计温度的差值变小时，室外机主板 CPU 输出的控制信号使得功率模块输出较低的频率与电压，压缩机转速变慢，制冷量降低。

三、学后回顾

通过今天的面对面学习，对定 / 变频空调器的工作原理和电路组成框图有了直观的了解和熟知，在今后的实际使用和维修中应回顾以下 3 点：

1）定频空调器制冷 / 制热工作原理是怎样的？_____。

2）变频空调器的工作原理是 _____。

3）变频空调器各电路内部工作流程是 _____。特别要学会手绘变频空调器各电路组成框图 _____。

第11天　变频空调器核心单元电路图说

一、学习目标

今天主要学习变频空调器重要单元电路工作原理，通过今天的学习要达到以下学习目标：

1）了解变频空调器的重要单元电路主要有哪些？这些电路的主要作用是什么？

2）掌握变频空调器各单元电路是由哪些关键元器件组成的？

3）熟知变频空调器各单元电路的工作原理。今天的重点就是要特别掌握变频空调器各核心电路的工作原理，这是空调器维修中经常要用到的一种基本知识。

二、面对面学

（一）电源电路

电源电路是为室内机空调器电气控制系统提供所需的工作电压，如单片机及一些控制检测电路工作电源。电源电路原理如图 2-102 所示，本电路关键器件是电源变压器、三端稳压集成电路 LM7805 等。

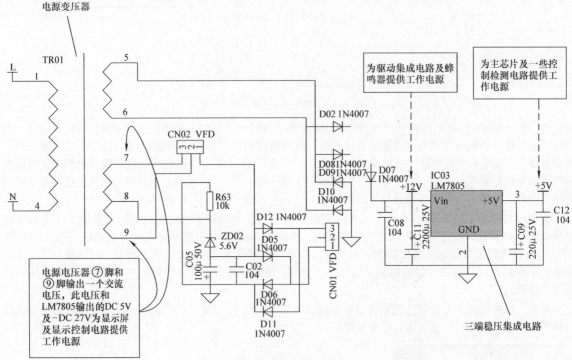

图2-102　室内机电源电路原理

（二）上电复位电路

上电复位电路在控制系统中的作用主要有两个方面：一是起动单片机开始工作；另外一个作用是，监视工作时电源电压是否正常，若电源有异常则会进行强制复位。这些都是消除电源的一些不稳定时的因素而给芯片带来的不利影响。

变频空调器室内机与室外机上电复位电路相通，工作原理如图 2-103 所示。本电路关键器件是欠电压传感器 MC34064。

（三）振荡电路

振荡电路在单片机系统中，为系统提供一个基准的时钟序列，使单片机程序能够运行并且指令能够执行，从而保证系统正常、准确地工作。

变频空调器室内机和室外机都具有振荡电路，电路原理类似，如图 2-104 所示。本电路关键器件是晶体振荡器。

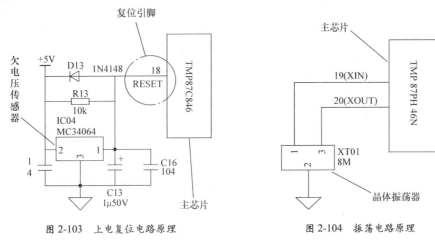

图 2-103 上电复位电路原理   图 2-104 振荡电路原理

（四）过零检测电路

过零检测电路在控制系统中的作用主要有两个方面：一是用于控制室内机风机的风速；另一方面是检测供电电压的异常。

过零检测电路原理如图 2-105 所示。本电路关键器件是晶体管 Q01。

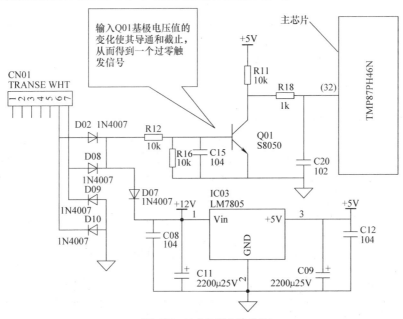

图2-105 过零检测电路原理

（五）通信电路

变频空调器通信电路主要由室内机发送光耦合器、室内机接收光耦合器、室外机发送光耦合器、室外机接收光耦合器等电路器件组成。如图 2-106 所示，PC1 为室外机发送光耦合器、PC2 为室外机接收光耦合器、PC3 为室内机发送光耦合器、PC4 为室内机接收光耦合器。

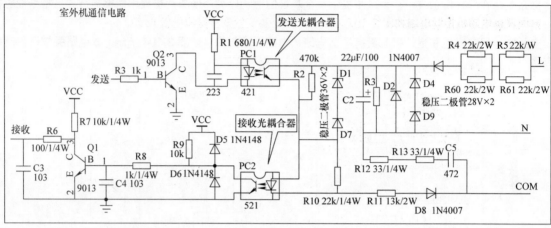

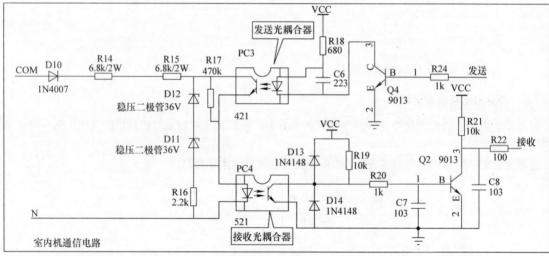

图2-106 通信电路原理图

变频空调器通信电路的通信规则如下：

1）空调器通电后，室内机和室外机主板就会自动进行通信，按照既定的通信规则，用脉冲序列的形式将各自的电路状况发送给对方，收到对方正常的信息后，室内机和室外机电路均处于待机状态。

2）当进行开机操作时，室内机 CPU 把预置的各项工作参数及开机指令送到 PC3 的输入端，通过通信回路进行传输。

3）室外机 PC2 收到开机指令及工作参数内容后，由二次侧将序列脉冲信息送给室外机 CPU，整机开机，按照预定的参数运行。

4）室外机 CPU 在接收到信息 50ms 后输出反馈信息到 PC1 的输入端，通过通信回路传输到室内机 PC4 输入端，PC4 二次侧将室外机传来的各项运行状况参数送至室内机 CPU，根据收集到的整机运行状况参数，确定下一步对整机的控制。

5）由于室内机和室外机之间相互传递的通信信息产生于各自的 CPU，其信号幅度 < 5V，而室内机与室外机的距离比较远，如果直接用此信号进行室内机和室外机的信号传输，很难保证信号传输的可靠度。

因此，在变频空调器中，通信电路一般都采用单独的电源供电，供电电压多数使用直流24V，通信电路采用光耦合器传送信号，通信电路与室内机和室外机主板上的电源完全分开，形成独立的电路。

（六）室内风扇电动机控制电路

室内风扇电动机控制电路用于控制室内风扇电动机的风速依据环境条件或者设定风速而自动地调节风量。

室内风扇电动机控制电路如图2-107所示。本电路关键性器件是晶闸管IC05。

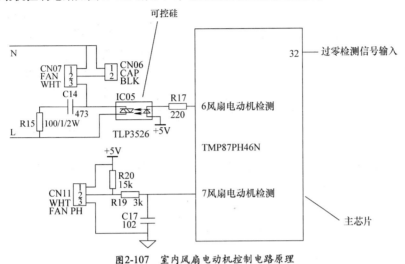

图2-107　室内风扇电动机控制电路原理

（七）步进电动机控制电路

步进电动机控制电路经单片机输出控制信号，经驱动器驱动输出，直接控制电动机的摆动，以控制空调器风叶门片的角度。

步进电动机控制电路原理如图2-108所示。本电路关键器件为反相器驱动器TD62003AP，能提高负载的输出。

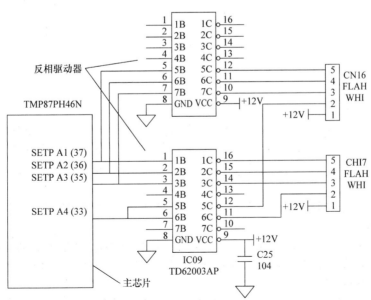

图2-108　步进电动机控制电路原理

（八）温度传感器电路

变频空调器室内机和室外机都具有温度传感器电路。室内温度传感器电路用来检测室内温度和盘管温度，给单片机提供一个温度信号以便对单片机进行检测和控制；室外温度传感器电路是用来检测室外环境温度、系统的盘管温度、排气温度和过载保护电路的。

室内温度传感器与室外温度传感器电路工作原理类似，电路原理如图 2-109 所示。本电路关键器件是温度传感器。

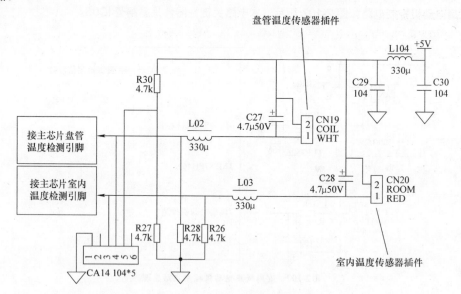

图2-109　室内温度传感器电路原理

（九）EEPROM、显示屏信号传输电路以及遥控接收电路

该电路如图 2-110 所示，关键器件是 EEPROM 和 VFD 显示屏，将空调器运行的状态数据（如检测到的温度、运行方式等）传输给显示屏显示出来。EEPROM 内部设定了一些空调器运行状态的参数（如风速的设定、步进电动机的转动等），并通过 EEPROM 与单片机和显示屏进行数据交换。

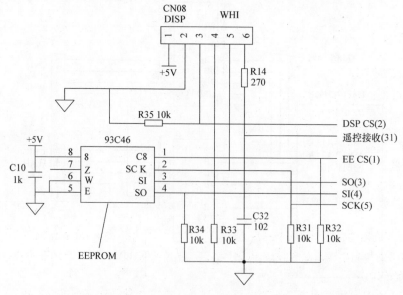

图2-110　EEPROM、显示屏信号传输电路以及遥控接收电路截图

（十）开关电源电路

开关电源电路是为室外机工作提供稳定的电源，通过将交流电路转换成直流电又将直流电转换输出为直流电的电路。

开关电源电路原理如图 2-111 所示，本电路关键器件是电源驱动厚膜块 IC8、开关变压器 T1、中功率晶体管 IC11 等。

（十一）电压检测电路

电压检测电路用来检测室外机供电的交流电源，检测的主要内容是工作电压是否在允许的范围内，或在运行时电压是否出现异常波动等。若室外机供电电压过低或过高，则系统会进行自动保护。

电压检测电路原理如图 2-112 所示。由于该电路常采用互感器进行取样检测，故该电路的关键元件是互感器。

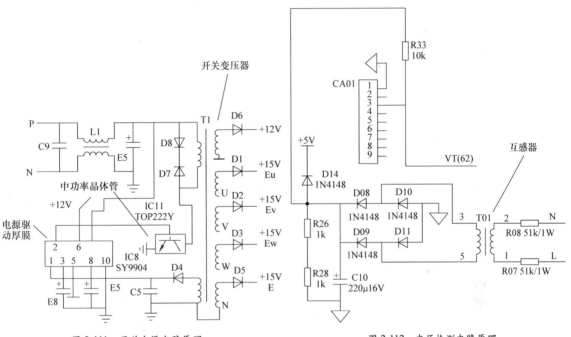

图 2-111 开关电源电路原理　　　　　　图 2-112 电压检测电路原理

（十二）电流检测电路

电流检测电路是用来检测压缩机供电电流的。当电流过大时，可能会损坏压缩机，甚至会烧毁电动机或绕组。利用电流检测电路对供电电流进行检测，从而保护压缩机不致在电流异常时损坏压缩机。

电流检测电路原理如图 2-113 所示，本电路关键器件是运算放大器。

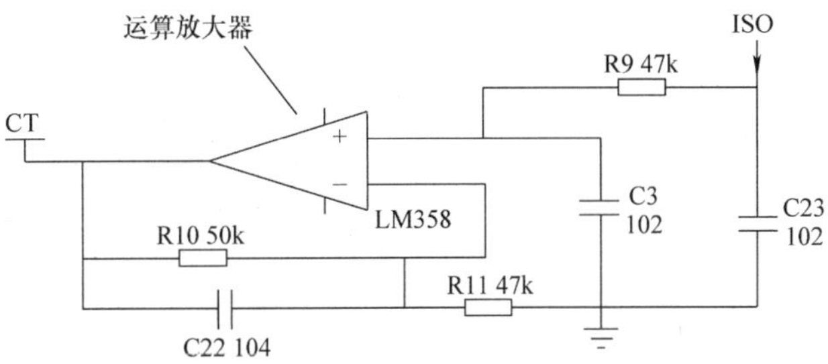

图2-113 电流检测电路原理

（十三）室外风扇电动机四通阀控制电路

此控制电路用来控制空调器的室外风扇电动机和四通阀的起动运行，从而用于调节室外风扇电动机的风速以及制冷制热的切换。

室外风扇电动机四通阀控制电路原理如图 2-114 所示。本电路关键器件是反相器 VTD62003AP 和继电器。

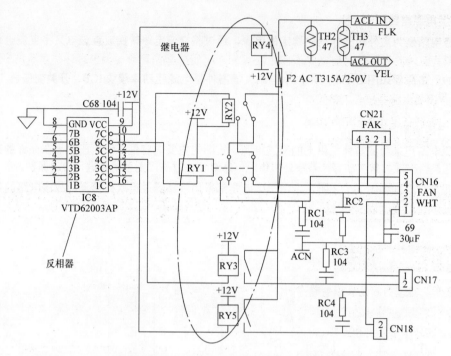

图2-114　室外风扇电动机四通阀控制电路原理

（十四）EEPROM 和运行指示电路

EEPROM 记录着系统运行时的一些状态参数（如压缩机的 V/F 曲线），运行状态指示则显示空调器运行的状态（如故障指示）。

EEPROM 和运行指示电路原理如图 2-115 所示。本电路关键器件是存储器 93C46、指示灯。

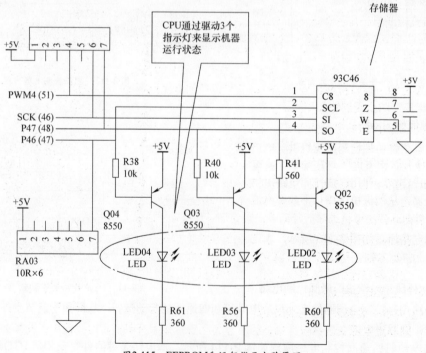

图2-115　EEPROM和运行指示电路原理

三、学后回顾

通过今天的面对面学习，对变频空调器核心单元电路组成、作用和工作原理有了直观的了解和熟知，在今后的实际使用和维修中应回顾以下 3 点：

1）变频空调器由哪些核心电路组成？＿＿＿＿＿＿＿＿＿＿＿＿＿＿＿＿＿＿＿＿。

2）变频空调器各单元电路的作用是 ＿＿＿＿＿＿＿＿＿＿＿＿＿＿＿＿＿＿＿＿。

3）变频空调器各单元电路关键元器件分别是 ＿＿＿＿＿＿＿＿＿＿。特别要掌握变频空调器各核心单元电路的工作原理 ＿＿＿＿＿＿＿＿＿。

第12天　图说菜鸟级空调器维修入门

一、学习目标

今天主要学习空调器简易故障的维修方法，通过今天的学习要达到以下学习目标：

1）了解空调器一些简易故障的故障现象，例如不通电、遥控不开机、反复自动起停等。

2）掌握空调器造成不开机、不通电等一些简易故障的原因。

3）熟知空调器一些简易故障的具体检修方法。今天的重点就是要特别掌握空调器一些简易故障的检修方法，这是空调器维修中经常要用到的一种基本知识。

二、面对面学

（一）图说变频空调器室内机不通电故障的检修方法

变频空调器室内机出现不通电故障，可按如下方法检修：

1）首先检查电源电压是否稳定；相序是否正确；电源线径、开关、插座等容量是否匹配；接线是否牢固。相关检修资料如图 2-116 所示，在空调器的电源插头上面均标有"L"-相线；"N"-零线；"⏚"-保护接地线。这些标志提示用户的电源必须与空调器电源插头标志相符合：相序必须是左零右相，能够良好接地，这些措施可以有效避免空调器外壳出现感应电压，防止受到外部干扰。

2）检查空调器室内机的电源插座或空开接线和用户的进户电源开关接线接触是否良好，如果电源电压正常，只是接线接触不良，这样容易导致空调器有时使用正常，有时会出现自动关机现象。

3）若是用户是农村自建房和用户私自安装的电源线，检查用户的电源线的容量是否足够，电源电压不稳定或者电源线线径不够，会引起空调器运行后自动保护停机或者因起动电流较大而不能起动的现象。

4）检查空调器的电源电压是否正常，空调器的工作电压范围一般在 190~230V，在此基础上可以变化 ±20V，这个变化值是空调器工作电压极限值，空调器在此范围内可以工作，但不能长期工作，如果电压变化不稳定，空调器会自动保护。

5）空调器室内机一般都采用变压器电源，通电不工作，如果检查交流供电正常，则测量电源变压器输出端是否有输出电压，如果有就换室内机面板，没有则换变压器，如图 2-117 所示。

检查插座等容量是否匹配

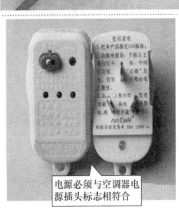

电源必须与空调器电源插头标志相符合

图2-116　检查空调器电源插座

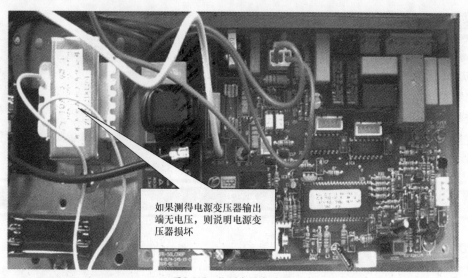

图2-117 检测电源变压器

（二）图说开机无反应故障的检修方法

该故障可按如下操作方法检修：

1）根据故障分析，首先检查电源，有 220V 输入，排除电源问题；

2）测量电源插头 L、N 电阻为无穷大，可能是熔丝管烧坏或变压器烧坏；

3）打开室内机面板检查主板熔丝管已熔断，如图 2-118 所示；

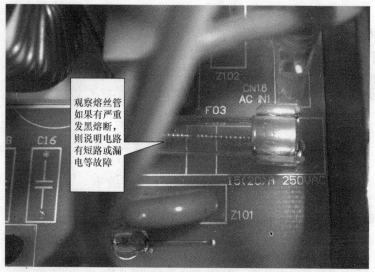

图2-118 主板熔丝管

4）安装新的熔丝管前，应先要检查空调器室内或室外机有无漏电或短路现象；

5）更换相同规格的熔丝管，试机正常，故障排除。

（三）图说遥控不开机、显示屏不显示故障的检修方法

该故障可按如下操作方法检修：

1）首先检测电脑板上有无 AC 220V 或 DC 310V 电压；

2）若测得无 AC 220V 或 DC 310V 电压，则检测 L7805 三端稳压器输出电压端，即②脚与③脚间有无

+5V 直流电压，如图 2-119 所示：

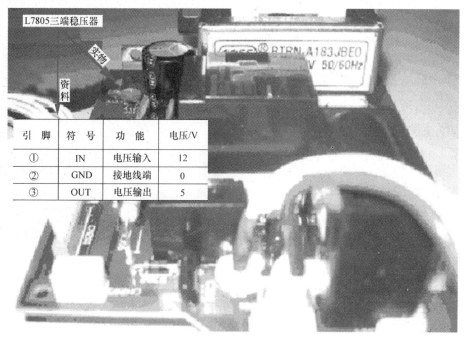

引　脚	符　号	功　能	电压/V
①	IN	电压输入	12
②	GND	接地线端	0
③	OUT	电压输出	5

图2-119　检测L7805三端稳压器

3）若测得无 +5V 直流电压，则说明三端稳压器损坏；

4）更换 L7805 三端稳压器，即可排除故障。

（四）图说室外机反复起动和停机故障的检修方法

该故障可按如下操作方法检修：

1）首先观察室外机，发现空调器工作时室外风扇电动机转速慢，工作 30min 室外风扇电动机停，压缩机电流上升停机；

2）此时用手触摸风扇电动机外壳很烫，测量电动机绕组正常，如图 2-120 所示；

3）根据检测可以判定：由于风扇电容器（见图 2-121）失效造成风扇电动机保护，风扇电动机停转后系统散热不良，致使压缩机过电流而停止工作，3min 后压缩机再起动，如此反复，造成室外机频繁起停。

图 2-120　检查风扇电动机温度

图 2-121　室外机风扇电容器

采用相同规格室外机风扇电容器代换，试机工作正常。

（五）图说空调器不制热故障的检修方法

该故障可按如下操作方法检修：

1）首先观察室外风扇电动机转，但压缩机不转。能听到四通阀吸合声，测室内机面板四通阀继电器（见图 2-122）输出也正常。

2）不制热故障如果室内机供电正常，室外风扇电动机、四通阀吸合正常，压缩机不动作，应首先查交流接触器（见图 2-123）是否吸合，线圈阻值是否正常，然后再查压缩机问题。

3）测交流接触器供电正常，强制按下交流接触器，压缩机起动。

4）再测交流接触器线圈已断路。

更换交流接触器，试机正常，故障排除。

（六）图说空调器制冷效果差故障的检修方法

该故障可按如下操作方法检修：

1）首先检查用户电源正常。

2）检查室内机出风也正常。

3）检测室内机进出风口温差偏小，观察室外机连接管处，发现低压管处结霜，如图 2-124 所示。

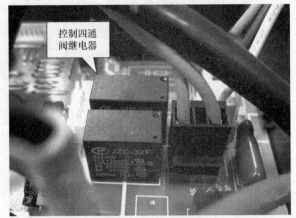

图2-122 检查室内机面板四通阀继电器

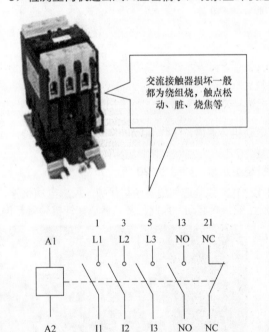

图 2-123 检查交流接触器

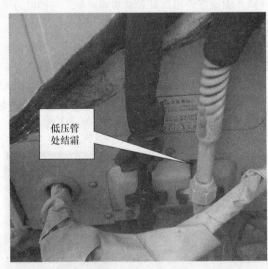

图 2-124 低压管结霜

4）因此判断系统制冷剂过多，放掉部分制冷剂后效果更差，分析错误。

5）进一步分析，判断系统存在截流。打开室内机面板，触摸蒸发器，发现蒸发器上下部分温差明显偏高。

6）用手摸室内机蒸发器分液毛细管，发现下两路毛细管只有微冷并有轻微结霜，因此判断为此两路毛细管阻，如图 2-125 所示。

7）焊下此两路毛细管，出现毛细管口处有焊液将毛细管出口处阻塞，更换毛细管后试机正常，故障排除。

（七）图说空调器夏天制冷很好，但冬天用制热时效果差故障的检修方法

该故障可按如下操作方法检修：

1）首先开机检查测气管压力偏低为 14kg，根据故障现象怀疑系统缺制冷剂。

2）但测量系统平衡压力为 10kg，结合用户反应夏天制冷很好的情况，确定系统不存在泄漏现象。初步分析可能为四通阀窜气或单向阀密封不良。

3）给四通阀通断电，阀块吸合正常，换气声明显，如图 2-126 所示，说明四通阀正常。

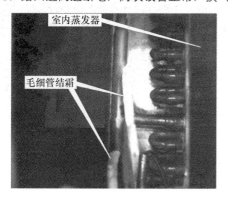

图 2-125　毛细管阻　　　　　　　　　　　图 2-126　检查四通阀是否窜气

4）放掉冷媒，重新抽空，定量注制冷剂，开机故障依旧。

5）故断定故障为单向阀密封不严，冷媒未通过辅助毛细管，制热毛细管未起作用，且通过单向阀各管道的温度正常，确诊为单向阀漏。其故障结果是各气管压力偏低，制热效果差，如图 2-127 所示。

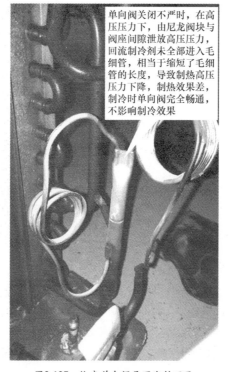

图2-127　检查单向阀是否密封不严

6）更换单向阀，重新抽空注制冷剂，空调器工作正常，故障排除。

三、学后回顾

通过今天的面对面学习，对空调器简易故障的维修方法有了直观的了解和熟知，在今后的实际使用和维修中应回顾以下 3 点：

1）空调器室内机不通电故障是如何检修的？_____。

2）空调器不制热故障如何检修？_____。

3）空调器反复起动和停机故障如何检修？_____。

第3章

面对面学空调器维修方法与技巧——高手级

第13天 空调器通用维修方法

一、学习目标

今天主要学习维修空调器比较常用的一些方法，通过今天的学习要达到以下学习目标：

1）了解维修空调器与其他家用电器相比，有哪些通用的维修方法？

2）掌握空调器维修方法的操作使用。

3）熟知维修空调器先外后内、先简单后复杂的检修顺序。今天的重点就是要特别掌握空调器通用维修方法的具体运用，这是空调器维修中经常要用到的一种基本知识。

二、面对面学

检修空调器电路故障，可借鉴检修其他家用电器一样的方法，采用"看""听""摸""闻""测""先外后内""先简单后复杂"的检修程序排查故障。

（一）"看"

即通过"看"来判断故障部位和原因，具体如下：

1）看室内、室外连接管接头处是否有油迹，主要是看连接管接头处是否存在松动、破裂；看室内蒸发器和室外冷凝器翅片上是否有积尘、积油或被严重污染。

2）看室内、室外风扇电动机运转方向是否正确，风扇电动机是否有停转、转速慢、时转时停现象。

3）看压缩机吸气管是否存在不结露、结露极少或者结霜；毛细管与过滤器是否结霜，判断毛细管或过滤器是否存在堵塞。

4）看故障代码显示，并根据其含义来判断故障点。

5）查看压敏电阻、整流桥、电解电容器、晶体管、功率模块等是否有炸裂、鼓包、漏液；或者线路是否存在鼠咬、断线、接错位及短路烧损故障现象。

（二）"听"

即通过"听"来判断故障部位和原因，具体如下：

1）听室内、室外风扇电动机运转声音是否顺畅；听压缩机工作时的声音是否存在沉闷摩擦、共振所产生的异常响声。

2）听毛细管或膨胀阀中的制冷剂流动是否为正常工作时发出的液流声。

3）听电磁四通阀换向时电磁铁带动滑块的"啪"声和气流换向时是否有"哧"声。

（三）"摸"

即通过"摸"来判断故障部位和原因，具体如下：

1）摸风扇电动机外、压缩机外壳是否烫手或温度过高；摸功率模块表面是否烫手或温度过高。

2）摸电磁四通阀各管路表面温度是否与空调器的工作状态温度相符合；或者说该冷的要冷，该热的要热。

3）摸单向阀或旁通阀两端温度是否存在一定的差别，以判断阀是否打开，开度是否正常。

4）摸毛细管与过滤器表面温度是否比常温略高；或者出现低于常温和结霜。

（四）"闻"

即通过"闻"来判断故障部位和原因，具体如下：

1）闻风机或压缩机的机体内、外接线柱或绕组是否有因温度升高而发出的焦味；闻电路板、晶体管、继电器、功率模块等是否有焦味。

2）闻切开制冷管路后管路及压缩机排出的制冷剂和冷冻油是否带有绕组烧焦味或冷冻油被污浊味。

（五）"测"

即通过使用专用维修仪表工具对相关部位进行测量，来判断分析故障部位和原因，具体如下：

1）测量室内、室外机进出风口温度是否正常；

2）测量压缩机吸排气压力是否正常；

3）测量电源电压和整机工作电流与压缩机运转电流是否正常；

4）测量风扇电动机、压缩机绕组间的电阻值是否存在开路、短路或碰壳；

5）测量功率模块输出端电压是否存在三相中不平衡、断相或无电压输出；

6）测量线路及元器件的阻值、电压、电流等判断分析线路及元器件是否存在不良及损坏。

（六）"先外后内"

变频空调器故障可分两大类：一类是空调器外部因素导致不是故障的故障；另一类是空调器自身故障。因此在分析处理变频空调器故障时，首先要考虑排除空调器的外部故障，采用"先外后内"的方法排查故障。

比如：用户的电源电压是否过高或过低；电源线是否存在容量不足；电源线路是否存在接触不良；室外机排风口有无杂物遮挡或不畅通；空调的安装位置是否靠夕晒；遥控器功能设置是否正确等。在排除空调器外部因素后，再考虑空调器的自身故障。

（七）"先简单后复杂"

在检查过程中，要分析是制冷系统故障还是电气系统故障，通常在这两类故障中，先要判断或检测制冷系统是否存在漏制冷剂、缺少制冷剂或制冷剂过量；制冷系统是否存在管路堵塞、冷凝器散热不良或通风不畅；电磁四通阀和电子膨胀阀是否存在关闭不严、窜气或开度有问题等。通过排除这些简单的物理性故障后，然后再考虑排除电气系统故障。

电气系统故障一般较为复杂，通常先要考虑排除电源故障，包括室内机和室外机电源，特别是采用开关电源的电路；再考虑排除电控部分故障，比如压缩机和风扇电动机故障；继电器或双向晶闸管是否存在接触不良、开路或短路；后考虑排除电路故障，比如驱动电路、电压检测电路、电流检测电路、判断或检测主控芯片电路、晶体振荡电路、复位电路及存储器电路等。综合考虑缩小故障范围，加速查找故障部位和原因。

三、学后回顾

通过今天的面对面学习，对空调器通用维修方法有了直观的了解和熟知，在今后的实际使用和维修中应回顾以下2点：

1）维修空调器故障有哪些通用方法？_____

2）如何像维修其他家电一样，采用类似通用方法检修空调器？具体是怎样实施的？_____

_____

第14天 空调器专用维修方法

一、学习目标

今天主要学习空调器专用维修方法，通过今天的学习要达到以下学习目标：

1）了解空调器有哪些特有的故障现象？这些故障主要出现在哪些部位？

2）掌握空调器特有故障，例如系统泄漏、压缩机失步、感温包不良、毛细管冰堵、干燥过滤器脏堵、四通阀不换向等故障的维修操作方法。

3）熟知空调器制冷 / 制冷效果差、应急开关损坏等故障的维修方法。今天的重点就是要特别掌握空调器一些特有故障的专用维修方法，这是空调器维修中经常要用到的一种基本知识。

二、面对面学

（一）空调器制冷 / 制热效果差故障原因及检修方法

空调器出现制冷 / 制热效果差故障主要原因及检修方法如下：

1. 系统冷媒有泄漏

主要检测压缩机额定运转（P_1）时的系统压力，或室内机出风温度、整机电流值来判断是否有冷媒泄漏。例如某品牌空调器在室内 27℃、室外 35℃ 时，制冷 P_1 的功率有 570W，电流 2.9A，大阀门压力有 10.5kg，假如室外温度再高一些，系统压力、功率、电流还会大一些，反之，则会变小。制热在内 20℃、外 7℃ 时，开制热 P_1，不开辅热，整机功率 900W，电流 4.3A，大阀门压力 27.6kg，室外环境温度再高一些，整机功率电流压力也会变大些，反之变小。

以上参数可以在整机的铭牌上或技术服务手册上查到。一般加注冷媒加到多少也是根据这些参数。

2. 毛细管、蒸发器堵塞

毛细管堵在室外机的小阀门侧会结霜，这点目测或手摸都可以发现，要区别的是系统冷媒泄露后小阀门也会结霜，区别这两种现象的最好方法是先检查冷媒是否泄漏，加注冷媒后可以区分。

蒸发器某路堵会在蒸发器上看到有结霜，但是要区别的是在最小制冷工况下（内 21℃、外 21℃），蒸发器也有可能结霜，一般的空调器整机有防冻结保护，排除环境的原因，就可以判断是否是蒸发器问题。

3. 蒸发器过滤网、冷凝器脏堵严重

同定频机的检修方法，直接清洗即可排除故障。

4. 室内、外机电动机损坏，转速偏低

若检查出有问题，考虑装配问题，室内机可以通过先换主板看看，再换电动机解决；室外机可以先换控制器，再换室外风扇电动机解决。

5. 四通换向阀窜气

当怀疑电磁四通阀窜气，可以用手摸阀前阀后温度来加以判定。

6. 压缩机窜气或运转不正常

这种状况隐形，比较难查，若能排除冷媒泄漏等其他原因，可以测一下压缩机吸、排气温度来判断压缩机是否有问题，若在 P_1 频率下吸、排气温度相差不大，基本可以判定是压缩机问题。

7. 室内温度传感器失常

空调器的室温传感器、室内管温传感器失常（主要表现为阻值变大或变小）均会导致空调器出现制冷 / 制热效果差故障。

8. 室内风扇运转不良

空调器通电后，观察空调器室内机风扇的运转情况。若发现室内机的风扇运转缓慢，使用遥控器对风速进行调整后，风扇运转情况无变化，则可怀疑该空调器的室内控制异常。可重点对该空调器的室内机风扇控制电路及风速检测电路进行检测。

9. 其他非空调器故障原因

例如房间面积与空调器大小不匹配；房间保温性能差，漏热严重；用户遥控器设置不正确或使用习惯不合理等，这几种状况造成制冷／制热效果差也比较常见。

若大房间装小空调器，效果肯定不好。遥控器设定习惯也有一定原因，有时用户喜欢开低风档，效果肯定差，因为在某些工况下，室内机因为会防高温、防冷风保护，对低风档进行限制压缩机频率上升。

（二）空调器过载和排气故障维修方法

空调器出现过载和排气故障，主要应对如下检测点进行排查：

1）首先检查电子膨胀阀是否连接好、电子膨胀阀是否损坏；

2）检查冷媒是否泄漏；

3）检查过载线连接是否正常。

故障诊断流程如图 3-1 所示。

（三）空调器压缩机失步故障维修方法

空调器压缩机出现失步故障，主要应对如下检测点进行排查：

1）首先检查系统压力是否过高；

2）检查工作电压是否过低。

故障诊断流程如图 3-2、图 3-3 所示。

（四）空调器感温包故障维修方法

空调器感温包出现故障，会显示故障代码，根据故障代码对如下检测点进行排查：

1）首先检查室外环境温度是否在正常范围内；

2）检查室内、外风扇电动机是否运转正常；

3）检查机组内外的散热环境是否良好。

故障诊断流程如图 3-4 所示。

（五）三通检测表阀充注制冷剂的方法

三通检修表阀是由三通阀、压力表和控制阀门组成，其压力表最大量程一般为 0.9~2.5MPa，负压一般为 –0.1~0MPa。可通过查看三通检修表阀的表盘压力数值来确定管路压力值，从而判断制冷剂充注量。

目前，采用 R22 有氟制冷剂的变频空调器，通常使用三通检修表阀充注制冷剂。下面具体介绍操作步骤：

1）首先准备好真空泵。

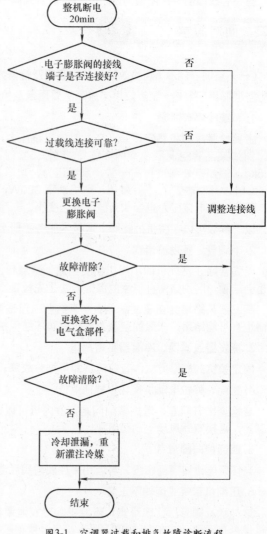

图3-1 空调器过载和排气故障诊断流程

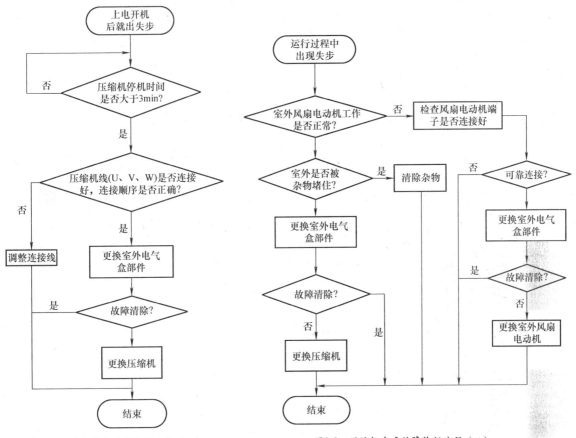

图3-2　压缩机失步故障诊断流程（一）　　　　图3-3　压缩机失步故障诊断流程（二）

2）通过连接软管，将真空泵、三通检修表阀与空调器室外机三通截止阀上的工艺管进行连接，如图3-5所示。连接时，要注意三通检修表阀与工艺管口相连、压力表垂直的接口与真空泵相连。

3）真空泵与制冷管路连接好后，即可开始抽真空操作，步骤如图3-6所示。

4）当压力表的表针指向 –0.1MPa 时，真空度达到抽真空的压力要求。一定要按照如图 3-7 所示步骤关闭真空泵，操作不慎可能会导致真空泵机油被倒吸出来。

5）空调器抽真空完毕后，便可进行充注制冷剂的操作。通过连接软管，将制冷剂钢瓶、三通检修表阀与空调器室外机三通截止阀上的工艺管口进行连接，如图 3-8 所示。

6）连接好设备后，充注制冷剂之前，要先对充注设备进行排气操作，步骤如图 3-9 所示。

7）排气完毕后，开始充注制冷剂，操作步骤如图 3-10 所示。

8）当压力表表针指向 0.4~0.5MPa 时（冬季 / 制热时为 0.8MPa），说明制冷剂已充注完成，这时应按如图 3-11 所示步骤操作。

9）除了用测试压力的方法充注制冷剂外，还可使用称重制冷剂钢瓶的方式来充注制冷剂。在充注制冷剂之前，先查找该空调器的铭牌，来确定制冷剂的类型和充注量，如图 3-12 所示。采用此种方法充注制冷剂需要用到电子秤，操作方法与采用测试压力充注基本类似，先对空调器抽真空，对设备进行排气后，开始充注制冷剂。当电子秤显示的钢瓶重量减少了空调器铭牌上标注的制冷剂量时，说明制冷剂已充注完成。

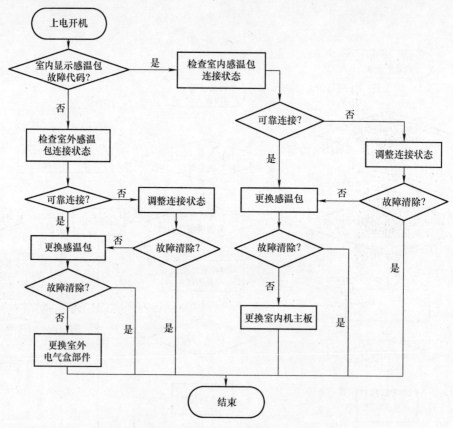

图3-4　空调器感温包故障诊断流程

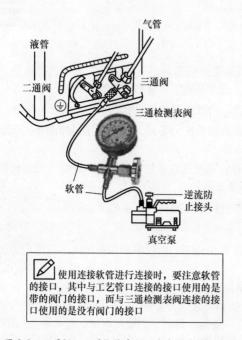

使用连接软管进行连接时，要注意软管的接口，其中与工艺管口连接的接口使用的是带的阀门的接口，而与三通检测表阀连接的接口使用的是没有阀门的接口

图 3-5　三通阀、三通检修表阀、真空泵连接示意图

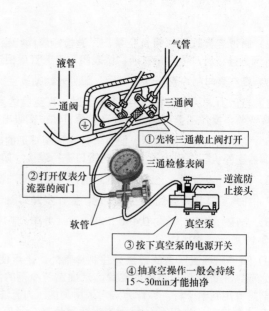

①先将三通截止阀打开

②打开仪表分流器的阀门

③按下真空泵的电源开关

④抽真空操作一般会持续15～30min才能抽净

图 3-6　抽真空操作步骤示意图（一）

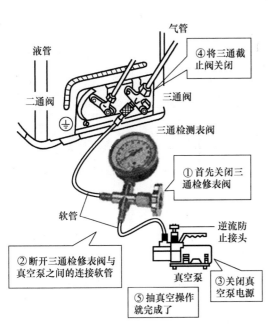

图3-7　抽真空操作步骤示意图（二）

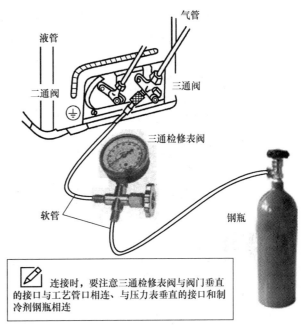

图3-8　充注制冷剂管路连接方法示意图

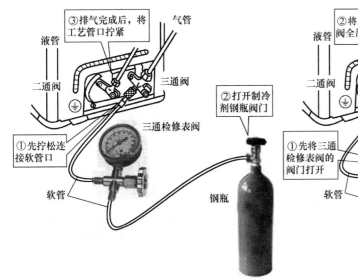

图3-9　对充电设备进行排气操作步骤示意图

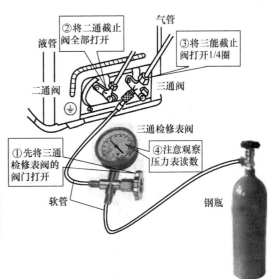

图3-10　充注制冷剂操作步骤示意图（一）

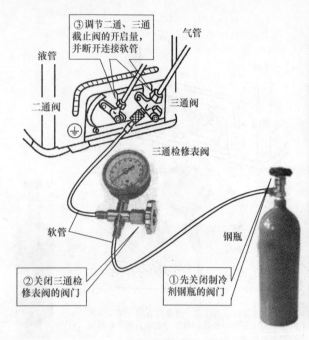

③调节二通、三通截止阀的开启量，并断开连接软管

气管

液管

二通阀

三通阀

三通检修表阀

软管

钢瓶

②关闭三通检修表阀的阀门

①先关闭制冷剂钢瓶的阀门

图 3-11　充注制冷剂操作步骤示意图（二）

图 3-12　制冷剂型号和充注量参数

（六）复合表阀充注制冷剂方法

变频空调器采用的制冷剂为 R410a 新型冷媒，充注制冷剂应采用专用的复合表阀和使用 R410a 专用真空泵进行操作。R410a 制冷剂必须以液化状态进入变频空调器中，充注方法与制冷剂 R22 的充注方法有较大区别，下面介绍使用复合表阀充注 R410a 制冷剂操作步骤：

1）首先检查真空泵机的油标指示，确认真空泵内是否有足够的机油，然后起动真空泵看其是否能正常运行。

2）通过连接软管，将真空泵、复合检修表阀与工艺管进行连接，如图 3-13 所示。

3）开始抽真空操作，操作方法如图 3-14 所示。

4）关闭真空泵后，观察低压表读数 5min；若表针回转，说明制冷系统中有泄漏，需要对制冷管路进行检漏操作并进行补漏操作，然后再次进行抽真空操作；若表针未发生回转，关闭三通截止阀后，即可断开工艺管口上的连接软管。

5）抽真空完毕后，就可进行充注制冷剂的操作。制冷剂 R410a 必须以液态的形式进入变频空调器中，所以充注制冷剂之前，要先确定制冷剂钢瓶是否带有虹吸管。不带有虹吸管的制冷剂钢瓶需要倒立进行充注，在其瓶身上通常标有方向标识。而带有虹吸管的制冷剂钢瓶无需倒立进行充注，但要确定钢瓶内制冷剂是否充足，若制冷剂低于虹吸管口，制冷剂就不能以液态形式进入空调器中了。

6）排除管道内的空气。操作步骤：打开制冷剂钢瓶的开关一小部分→立刻关闭→轻按连接软管的顶针让气体从此处喷出→立刻放开（按顶针的时间不能太长，轻按一下即可）。重复此操作 2~3 次可排除连接软管内的空气。

7）通过连接软管，将制冷剂钢瓶、复合检修表阀与工艺管口进行连接，如图 3-15 所示。

8）充注 R410a 制冷剂。操作步骤如图 3-16 所示，特点要注意当断开与低压表连接的软管时，动作要迅速，如果动作太慢，会使大量的制冷剂泄漏甚至冻伤皮肤。

9）最后，可使用肥皂水检查管路是否有制冷剂泄漏。若无泄漏，制冷剂就充注完毕了。

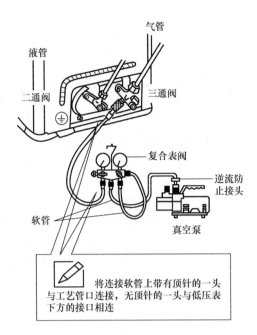

将连接软管上带有顶针的一头与工艺管口连接，无顶针的一头与低压表下方的接口相连

图 3-13　真空泵、复合检修表阀与工艺管连接示意图

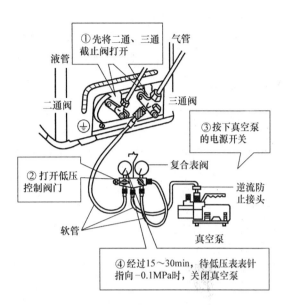

①先将二通、三通截止阀打开

③按下真空泵的电源开关

②打开低压控制阀门

④经过15～30min，待低压表表针指向−0.1MPa时，关闭真空泵

图 3-14　抽真空操作示意图

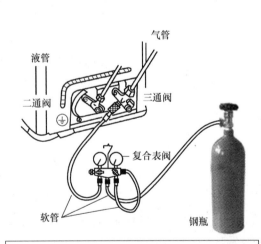

安全加液器连接软管与制冷剂钢瓶的连接处，可连接一个安全加液器(雾化器)。该器件可以将制冷剂雾化，使充注过程更加顺畅。安全加液器与制冷钢瓶之间还需连接一个转换接头

安全加液阀连接软管在与工艺管口连接时，可先在工艺管口上连接一个安全加液阀，再连接软管与安全加液阀。安全加液阀可以大大提高管路连接处的耐压性能，使充注时不易发生泄漏

图 3-15　制冷剂钢瓶、复合检修表阀与工艺管口连接示意图

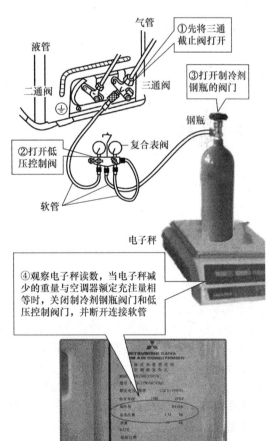

①先将三通截止阀打开

③打开制冷剂钢瓶的阀门

②打开低压控制阀

④观察电子秤读数，当电子秤减少的重量与空调器额定充注量相等时，关闭制冷剂钢瓶阀门和低压控制阀门，并断开连接软管

图 3-16　充注 R410a 制冷剂操作示意图

（七）空调器管路的检漏方法

空调器在检修过程中，若需要判断制冷管路是否存在泄漏的情况，可以使用肥皂水检漏法和测压检漏法来判断制冷管路是否存在泄漏故障。具体操作步骤如下：

1）首先将制冷剂钢瓶、三通检修表阀和空调器室外机三通截止阀上的工艺管口进行连接，如图3-17所示。

2）连接好后，先打开制冷剂钢瓶的阀门，再打开三通检修表阀的阀门。

3）当压力表指向0.4~0.5MPa（夏季为0.4~0.5MPa、冬季为0.8MPa）时，关闭制冷剂钢瓶的阀门，观察压力表是否发生变化。

4）经过2~3h后，若压力表无变化，说明制冷管路良好，无泄漏。

5）若压力表的读数变小，说明制冷管路内部不严密，有泄漏，需要进一步查找泄漏点。

6）使用测压法确定变频空调器出现泄漏后，可采用肥皂水进一步判断出现泄漏的部位。将少许洗洁精放入器皿中并加入适量清水，用刷子将其搅拌成泡沫状。

7）将肥皂水涂抹在二通、三通截止阀和管路的各处接口上，观察接口处肥皂水泡沫的变化。

8）若发现肥皂泡逐渐变大，说明该接口处有泄漏故障。

9）若肥皂泡没有变化，说明制冷管路无泄漏。

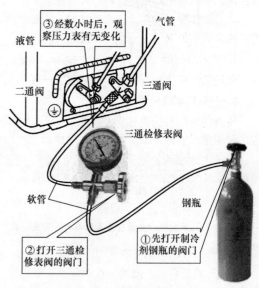

图3-17 检漏操作示意图

（八）空调器应急开关损坏故障的检修方法

应急开关在电脑板上常用SW标注其作用是维修时应急操作，强制制冷运行（用于回收制冷剂）。应急开关损坏后常表现为自动开/关机，或用手按住应急开关无反应。该故障的检修方法如下：

1）当自动开/关机或应急失效，首先应检查室内机前罩是否碰应急开关或断开应急开关后是否正常；

2）如果不正常，则检修电脑板；

3）如果正常，则说明故障在应急开关；

4）用万用表的电阻档测应急开关通断，便可判断其好坏。

（九）空调器制冷系统的检漏方法

1. 手触油污检漏

空调器的制冷剂多为R22，R22与冷冻油有一定的互溶性，当R22有泄漏时，冷冻也会渗出或滴出。运用这一特性，用目测或手摸有无油污的方法，可以判断该处有无泄漏。

当泄漏较小，用手指触摸不明显时，可戴上白手套或白纸接触可疑处，也能查到泄漏处。

2. 肥皂泡检漏

先将肥皂切成薄片，浸于温水中，使其溶成稠状肥皂液。检漏时，在被检部位用纱布擦去污渍，用干净毛笔沾上肥皂液，均匀地抹在被检部位四周，仔细观察有无气泡，若有肥皂泡出现，说明该处有泄漏。

有时，需先向系统充入0.8~1.0MPa（8~10kgf/cm²）的氮气。

3. 充压检漏

制冷系统已修理焊接后，在充注制冷剂前，最好在近完工时，充入1.5MPa氮气，关闭三通检修阀（阀本身不能漏气）。待第二天若表压没有下降，说明已修复的制冷系统不漏。若表压下降，则说明存在泄漏，

再采用肥皂泡检漏法检漏。

4. 水中检漏

此法常用于压缩机（注意接线端子应有防水保护）、蒸发器、冷凝器等零部件的检漏。其方法是：对蒸发器应充入 0.8MPa 氮气，对冷凝器应充入 1.9MPa 氮气（对于热泵型空调器，两者均应充入 1.9MPa 氮气），浸入 50℃ 左右的温水中，仔细观察有无气泡发生。使用温水的目的在于降低水的表面张力，因为水的温度越低，表面张力越大，微小的渗漏就不能检测出来。

检漏场地应光线充足，水面平静。观察时间应不少于 30s，工件最好浸入水面 20cm 以下。浸水检漏后的部件应烘干处理后方可进行补焊。

5. 卤素灯检漏

火焰颜色变化为浅绿→深绿→紫色，渗漏量为微漏→严重渗漏。

6. 电子检漏仪检漏

检漏的主要部位是压缩机的吸、排气管的焊接处；蒸发器、冷凝器的小弯头、进出管和各支管焊接部位，如干燥过滤器、截止阀各处、电磁阀、热力膨胀阀、分配器、储液罐等连接处。

泄漏和堵塞的区别判断：泄漏处补漏，抽真空，重新灌注制冷剂后，空调器即可恢复制冷效果；如果是堵塞，即使加氟，空调器仍不能制冷，压力也不正常。

（十）毛细管"脏堵"维修方法

空调器的毛细管出现"脏堵"，可按如下方法排除：

1）首先在压缩机的加液工艺管上装接一只三通检修阀。

2）起动压缩机，运转一段时间后，若低压一直维持在 0Pa 的位置，说明毛细管可能处于半脏堵状态，若为真空，可能是完全脏堵，应做进一步检查。此时压缩机运转有沉闷声。

3）停转压缩机后，若压力平衡很慢，需 10min 或 0.5h 以上，说明毛细管脏堵。脏堵位置一般在干燥过滤器与毛细管接头处。若将毛细管与干燥过滤器连接处剪断，制冷剂喷出，就可以判断毛细管脏堵。

4）排除毛细管"脏堵"，需要切割掉"脏堵"部分，重新焊接一段新的毛细管。若身边无同内径、同长度毛细管，可用退火的方法将脏物烧化，然后打压吹气使之畅通。可将毛细管焊在清洁的管路中，用汽油或四氯化碳冲洗，冲洗后的毛细管必须进行抽真空干燥处理后方可使用。

（十一）毛细管"冰堵"维修方法

"冰堵"是由于制冷系统真空处理不良，系统内含水量过大或是制冷剂本身含水量超标等原因造成。"冰堵"大都发生在毛细管的出口端。当液体制冷剂由毛细管到蒸发器蒸发时，体积大大膨胀，变成气态，大量吸收热量。这时，蒸发温度可达到 -5℃ 左右，系统内的微量水分随制冷剂循环到毛细管出口端时就冻结成冰。由于制冷剂不断循环，结成的冰体积逐渐增大，到一定程度就将毛细管完全堵塞。

判断毛细管"冰堵"的方法如下：

1）首先接通电源，压缩机起动运行后，蒸发器结霜，冷凝器发热，随着"冰堵"形成，蒸发器的霜全部化光，压缩机运行时有沉闷声，吹进室内没有冷气。

2）停机后，用热毛巾多次包住毛细管进蒸发器的入口处。

3）由于冰堵处融化后才能听到管道通畅的制冷剂流动声，起动压缩机后，蒸发器又开始结霜。

4）压缩机运行一段时间后，又会产生上述情况，就可以判断毛细管冰堵。

确定毛细管"冰堵"后，先将制冷系统内制冷剂放掉，重新进行真空干燥处理。对制冷系统的主要部件蒸发器、冷凝器进行一次清洗处理。在重新连接制冷系统时，最好更换使用新的干燥过滤器。若没有新的干燥过滤器，可将拆下的干燥过滤器，倒出里面装的分子筛，把过滤器内壁用汽油或四氯化碳冲洗，并经过干燥处理后使用。

如果由于制冷剂本身含水量过大而形成"冰堵"，可在制冷剂钢瓶出口处加一个干燥过滤器，使得制冷剂在充注时水分即被吸收。

(十二) 毛细管"结蜡"维修方法

由于 R22 制冷剂与冷冻油有共溶性，经多年的循环，制冷剂 R22 中含有一定比例的冷冻油，油中的蜡组分在低温下析出，在制冷循环过程中，蜡组分就要逐渐沉积于温度很低的毛细管出口内壁上，毛细管内径变小，流阻增大，从而导致制冷性能下降。

对使用多年的空调器，如在运行时，蒸发器温度偏高，冷凝器测试偏低，而又排除了制冷剂微漏和压缩机效率差的原因，一般就是由于毛细管"结蜡"所引起的故障。

对"结蜡"毛细管的修理，可使用高压枪排除，利用带柱的丝杠将冷冻油加压至 2MPa，将结蜡清除掉。也可用更换新毛细管的方法。

(十三) 干燥过滤器"脏堵"维修方法

干燥过滤器"脏堵"是由于制冷系统焊接不良使管内壁产生氧化皮脱落，或压缩机长期运转引起机械磨损而产生杂质或制冷系统在组装焊接之前未清洗干净等原因造成。其"脏堵"故障现象为干燥过滤表面发冷、凝露或结霜，导致向蒸发器供给的制冷剂不足或致使制冷剂不能循环制冷。

判断干燥过滤器"脏堵"的方法如下：

1）首先将压缩机起动运行一段时间后，冷凝器不热，无冷气吹出，手摸干燥过滤器，发冷、凝露或结霜，压缩机发出沉闷过负荷声。

2）为了进一步证实干燥过滤器"脏堵"，可将毛细管在靠近干燥过滤器处剪断，若无制冷剂喷出或喷出压力不大，说明"脏堵"。

3）这时如果用管子割刀在冷凝器管与干燥过滤器相接附近割出一条小缝，制冷剂就会喷射出来。此时，要特别注意安全，防止制冷剂喷射伤人。

干燥过滤器"脏堵"后，慢慢割断冷凝器与干燥过滤器连接处（防止制冷剂喷射伤人），再剪断毛细管，拆下干燥过滤器。因干燥过滤器修理比较困难，一般采用更换新的干燥过滤器为好。若一时没有新的干燥过滤器可供更换，可将拆下的干燥过滤器倒置，倒出装在里面的干燥剂，清洗干燥过滤器。过滤器内壁和滤网用汽油或四氯化碳清洗，并经干燥处理后使用。在更换干燥过滤器前，最好对蒸发器和冷凝器进行一次清洗。

(十四) 电磁四通阀不换向检修方法

电磁四通阀不换向的原因及检修方法如下：

1）电磁四通阀电磁线圈烧毁。切断电源，用万用表"×1"档测量电磁线圈的直流电阻值和通断情况。当测量的直流电阻值远小于规定值时，说明电磁线圈内部有局部短路。应更换同型号的电磁线圈，在更换时，应注意在没有将线圈套入中心磁心前，不能做通电检查，否则易烧毁线圈。

2）电磁四通阀的活塞上泄孔被堵。电磁四通阀活塞上泄气孔直径只有 0.3mm，孔前虽有滤网，如果制冷系统不清洁，很容易被堵，造成不能换向的故障。对于这种故障先反复多次接通、切断电磁线圈的电路，使电磁四通阀连续换向，以便冲除污物。若仍冲不通，可拆下电磁四通阀进行冲洗或更换电磁四通阀。

3）电磁四通阀活塞碗泄漏。将正在制冷的空调器的温度控制旋钮时针旋到底，使空调器停止工作，待 3min 后高、低压力趋于平衡，换向阀再通电。如此反复几次，若仍无效，只能更换新的电磁四通阀。

4）电磁四通阀右气孔关不严密。电磁四通阀正常换向后，空调器运行处于制热状态。此时，电磁四通阀右侧毛细管应该较冷，左侧高压毛细管应该较热。若左、右 2 根毛细管均变热，说明是电磁四通阀的右气孔关不严密。处理办法是使电磁四通阀多次通电，若右气孔仍关不严密，只得更换新的电磁四通阀。

5）制冷剂泄漏。由于制冷剂泄漏，使高、低压差减少，使得电磁四通阀换向困难。对这一故障应进行查漏、补焊、抽真空和加注制冷剂。

6）电磁四通阀上的毛细管堵塞。对于这种故障也可反复多次接通、切断电磁线圈的电路，使电磁四通阀连续换向，冲除污物。若仍冲不通，可以拆下冲洗或更换毛细管。

7）压缩机故障。若冷凝器出风温度低，电磁四通阀上高压毛细管不烫，说明压缩机有故障，应视其压缩机故障情况，予以修理排除。

三、学后回顾

通过今天的面对面学习，对空调器专用故障的维修方法有了直观的了解和熟知，在今后的实际使用和维修中应回顾以下2点：

1）空调器有哪些特有的故障表现？＿＿＿＿＿＿＿＿＿＿＿＿＿＿＿＿＿＿＿＿＿＿＿＿＿＿。

2）如何检修空调器泄漏、压缩机失步、感温包不良、毛细管冰堵、干燥过滤器脏堵、四通阀不换向等故障？＿＿＿＿＿＿＿＿＿＿＿＿＿＿＿＿＿＿＿＿＿＿＿＿＿＿＿＿＿＿＿＿。

第15天　空调器元器件拆焊和代换技巧

一、学习目标

今天主要学习空调器元器件拆焊和代换技巧，通过今天的学习要达到以下学习目标：

1）了解空调器元器件的拆焊和焊接要点。

2）掌握空调器元器件的拆焊和代换技巧。

3）熟知空调器元器件代换方法及注意事项。今天的重点就是要特别掌握空调器元器件拆焊和代换技巧，这是空调器维修中经常要用到的一种基本知识。

二、面对面学

（一）电磁四通阀拆焊和代换技巧

热泵式空调器的故障率比单冷式空调器要多，判断电磁四通阀的故障和更换电磁四通阀都需要一定的经验和操作技巧，掌握得好即可保证更换的质量，要求更换的速度要快，否则容易造成返工和损坏电磁四通阀。具体可按如下方法进行：

1. 备件准备

确定电磁四通阀损坏后，选用好相同规格型号的电磁四通阀。如果是电磁四通阀损坏，可以单独更换，先拔掉它的插头，再拆掉它与换向阀上的固定螺钉，就可以取下电磁阀。再用正常的电磁四通阀更换即可。

2. 拆焊要点

1）首先取下电磁线圈。

2）卸下线圈固定螺钉，将其取下，如图 3-18 所示。

图3-18　卸下线圈固定螺钉

3）用焊枪焊下高压焊口（注意降温用湿布包住阀体），如图 3-19 所示。

4）用焊枪逐步焊下其余焊口（由易到难），将电磁四通阀取出，如图3-20所示。

图3-19 焊下高压焊口   图3-20 取出电磁四通阀

3. 焊接要点

1）换新阀时，四根铜管接口应摆正到位，要注意保持原来方向和角度，换向阀必须处于水平状态。

2）焊接时，要先焊单根（高压管），再焊三根的中间一根（低压管），然后焊接左、右两根管。

3）选用适当的焊把，火焰及温度应调到立刻焊接的程度，火到即焊，焊到铜管的2/3处，焊接完立刻回烤一次，保证焊口牢固。焊接时可用湿毛巾对电磁四通阀与铜管端进行降温，稍等片刻焊余下的1/3。

4）焊接时要看得准，手法快，按顺序焊接，待电磁四通阀温度没上来就争取焊接完成，避免长时间烘烤造成管路变形等其他问题发生。

5）四根接口先后焊好后，宜用湿毛巾降温，以期达到电磁四通阀使用要求。

（二）电子膨胀阀拆焊和代换技巧

1. 备件准备

空调器电子膨胀阀堵塞、阀体裂漏、闸阀组件损坏等故障，这时就需要使用焊接工具对损坏的器件进行拆焊代换。拆焊和代换之前，应提前准备好与原机线圈、控制板相匹配，性能良好的电子膨胀阀如图3-21所示。

2. 拆焊要点

首先取下电子膨胀阀线圈，然后用焊枪焊下焊口（注意降温用湿布包住阀体），将其取出，如图3-22所示。

图3-21 准备好代换的电子膨胀阀

图3-22 拆焊电子膨胀阀

3. 焊接

将提前准备的电子膨胀阀按原位焊接回即可。

（三）压缩机拆焊和代换技巧

1. 维修安全的防范

1）空调器里的制冷剂（R22）虽然不是可燃性气体，但是如果直接与高温火焰接触，它会分解、产生有毒气体，因此焊接操作以前，应将制冷系统内的制冷剂慢慢地放出。

2）如果制冷系统内的压力过高，则焊接作业十分危险，这时绝对不能焊接作业。

3）如果压缩机已烧坏，会泄放出制冷剂热分解时产生的有毒气体，操作人员要特别注意。

2. 备件准备

更换压缩机前，必须查清故障机型的压缩机型号（风扇电动机电容器上面贴有压缩机型号标签），选择完全一致的压缩机进行更换，不能单纯只根据机型来判断压缩机型号，否则会造成压缩机与系统管路及控制器的不匹配。

3. 判定润滑油状态

排放出残留制冷剂时，要慢慢泄放，太快了会把压缩机里的润滑油放掉。

4. 拆焊要点

1）首先拆下压缩机上的电器插头。

2）用专用工具旋出固定压缩机的螺母，如图 3-23 所示。

3）用焊枪焊下吸排气焊口（注意降温），即可取出压缩机，如图 3-24 所示。

图 3-23　旋出固定压缩机的螺母　　　　　图 3-24　焊下吸排气焊口

4）倒出压缩机冷冻油确认油色，若油色异常，则应清洗系统。

5）装上新压缩机。

6）用弯管器将高低压连接管弯曲整形，并装上原有的橡胶底脚。

7）钎焊作业，将管子连接处钎焊。

8）连接压缩机电线。为避免终端端子接线错误，必须参照电路图接线。

9）系统抽真空。需足够的抽吸时间，以保证系统真空度。

10）充制冷剂、检漏。按铭牌上的标准充制冷剂量充制冷剂。

（四）干燥过滤器拆焊和代换技巧

变频空调器的干燥过滤器通常是与压缩机和四通阀相连的，维修代换时需要使用到气焊设备，操作方法如下：

1）首先连接好气焊设备，将焊枪火焰调成中性焰。

2）先加热干燥过滤器与四通阀的接口部位，再加热干燥过滤器与冷凝器接口部位，即可将有故障的干燥过滤器拆下。

3）选择与空调器所使用的制冷剂相匹配的干燥过滤器，将其焊接回制冷管路上。值得注意的是，干燥过滤器在使用前5min才可以拆开包装，以免空气中的水分进入干燥过滤器，影响其使用效果。另外，将与四通阀连接的管路插入干燥过滤器的出口端（细），插入时，不要碰触到干燥过滤器的过滤网，一般插入深度为15mm左右，如图3-25所示。

4）最后用肥皂水对焊接处进行检漏，没有气泡出现说明焊接良好，空调器就可正常使用了。

（五）毛细管拆焊和代换技巧

拆焊和代换毛细管方法及注意事项如下：

1）在焊下毛细管前，应在毛细管的背部放置一块隔热板，以免在焊下毛细管的过程中造成其他管路由于温度过高而变形。

2）若毛细管与干燥过滤器连接在一起，在拆焊毛细管时，应将干燥过滤器同时焊下，以免原干燥过滤器中进入水分、杂质等，引起空调器二次故障。

3）焊下毛细管后，再将等长度的新毛细管以盘曲的形式重新焊接回管路即可。

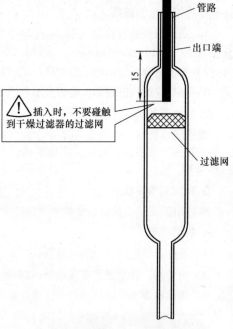

图3-25　焊接干燥过滤器

三、学后回顾

通过今天的面对面学习，对空调器元器件拆焊和代换技巧有了直观的了解和熟知，在今后的实际使用和维修中应回顾以下3点：

1）如何焊接和代换电磁四通阀？＿＿＿＿＿＿＿＿＿＿＿＿＿＿＿。特别是焊接电磁四通阀有哪些要求？＿＿＿＿＿＿＿＿＿＿＿＿＿＿＿＿＿＿＿＿＿＿＿＿＿。

2）如何焊接和代换电子膨胀阀？＿＿＿＿＿＿＿＿＿＿＿＿＿＿＿。

3）如何焊接和代换压缩机？＿＿＿＿＿＿＿＿＿＿＿。特别要注意哪些事项？＿＿＿＿＿＿＿＿＿＿＿＿。

第16天　空调器芯片级维修技巧

一、学习目标

今天主要学习空调器常见故障的处理方法，通过今天的学习要达到以下学习目标：

1）了解空调器内部电路结构原理、常见故障现象。

2）掌握空调器内部电路故障的维修技巧。

3）熟知空调器重要电路部件的故障特性。今天的重点就是要特别掌握空调器内部电路故障的维修技巧，这是空调器维修中经常要用到的一种基本知识。

二、面对面学

（一）室内风扇电动机不能工作，整机过冷保护停机故障分析与检修技巧

该故障属过零检测电路典型故障，过零检测电路在空调器控制系统中的作用主要有两个方面：一是用于控制室内机风扇电动机的风速；另一方面是检测供电电压的异常。

如图 3-26 所示是过零检测电路控制原理图。该电路与直流电源电路共用变压器 T1，通过变压器降压，再由两个二极管整流，然后通过电阻的分压和限流，得到 100Hz 的脉动信号，经过晶体管 V107 的作用，在 11 点得到 100Hz 的脉冲矩形波，去单片机的㊴脚。此信号经过单片机内部控制后，再去控制室内风扇电动机驱动电路，使室内风扇电动机以不同的速度运转。

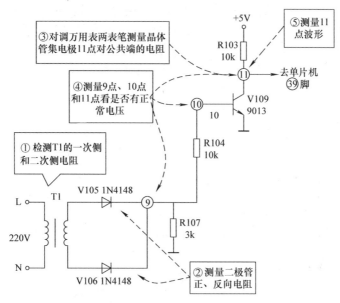

图3-26　过零检测电路检修方法示意图

本分立电路任何一处若出现故障，则室内风扇电动机不能工作，随之带来整机过冷保护停机。该电路常见故障有变压器断路、电阻或晶体管击穿。检修时分断电检测和通电检测两种情况，两种检测方法如下：

1）断电时使用万用表电阻档，依次检测 T1 的一次侧和二次侧电阻是否无穷大，以判断变压器是否断路；

2）若测量二极管正、反向电阻都比较小而导通，说明二极管击穿；

3）若对调万用表两表笔测量晶体管集电极 11 点对公共端的电阻，都比较小，则说明晶体管击穿；

4）在通电的情况下，使用万用表电压档，测量 9 点、10 点和 11 点看是否有正常电压，正常情况下用直流档测量时 V_9=15V、V_{10}=0.8V、V_{11}=2~5V，否则有问题；

5）若用示波器测量 11 点波形，则为频率为 100Hz、幅值为 5V 的脉冲波。

（二）遥控接收电路控制原理分析与检修技巧

空调器遥控接收电路相对来说比较简单，如图 3-27 所示，从遥控器接收来的信号经过调制解调从 N301 输出端送入单片机的③脚（即 P70 脚），以达到不同的控制功能。

该分立电路任何一处若出现故障，将接收不到

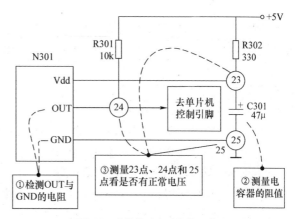

图3-27　遥控接收电路检修示意图

遥控器发出的指令，常见故障有接收头损坏或电容器击穿，故障表现为按遥控器时，蜂鸣器不会鸣叫。故障的检修方法分断电检测和通电检测两种情况，两种检修方法如下：

1）断电时使用万用表电阻档，检测 OUT 与 GND 的电阻是否很大，否则不正常；

2）测量电容器的阻值是否为无穷大，否则不正常；

3）通电的情况下，使用万用表电压档，测量 23 点、24 点和 25 点看是否有正常电压，正常情况下用直流档测量时 V_{23}=4.5V、V_{24}=4.5V、V_{25}=0V，否则有问题。

（三）整机能够制冷不能制热故障分析与检修

变频空调器出现整机能够制冷不能制热故障时，可按如下操作方法检修：

1）首先在制热状态下，用万用表的交流电压档测量电磁四通阀两条连线之间的电压，如果电磁四通阀两条连线之间的电压不是 AC 220V 左右，则说明室外机控制器故障，需更换室外机控制器；

2）如果存在 AC 220V，断开电源后，拔掉两条电磁四通阀连线，然后用万用表测量两条电磁四通阀连线之间的电阻值，是否为 1~2kΩ，如果太大则说明电磁四通阀线圈存在开路的故障，更换电磁四通阀线圈；

3）如果电磁四通阀线圈正常则为整机系统存在异常所致。

（四）更换室外机控制器故障依然存在分析与检修

如果更换室外机控制器故障依然存在时，则需要检查通信线、感温包、电抗器、风扇电动机、压缩机、电磁四通阀等部件是否正常。

1）通信线。检查通信线与相线、零线是否接错或者接线端子接触不良，如果为加长通信线，则需检查接头处接触是否良好，如图 3-28 所示。

2）感温包。测量一下 3.3V、IPM 15V 对地的电阻值（以格力变频空调器为例，测试方法见图 3-29），如果发现对地短路，则要仔细检查各感温包是否存在破损的现象、外壳或者感温包金属头是否存在打火的痕迹，如图 3-30 所示。

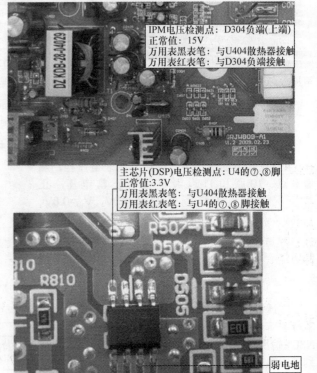

IPM电压检测点：D304负端(上端)
正常值：15V
万用表黑表笔：与U404散热器接触
万用表红表笔：与D304负端接触

主芯片(DSP)电压检测点：U4的⑦、⑧脚
正常值：3.3V
万用表黑表笔：与U404散热器接触
万用表红表笔：与U4的⑦、⑧脚接触

弱电地

检查接头处是否良好

氧化严重

图3-28　检查通信线

图3-29　检测3.3V、IPM 15V对地电阻值

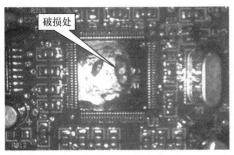

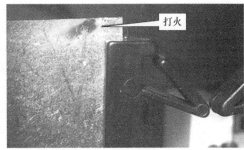

图3-30　检查感温包

3）电抗器。更换电器盒后依然出现通信故障，则可以拔出电抗器的 2 个接线端子，用万用表的电阻档测试 2 个端子之间的电阻值，一般为零点几欧，太大说明电抗器接线端子脱落或者开路，如图 3-31 所示。

4）风扇电动机。交流风扇电动机的测试方法：拔出风扇电动机的红色线、棕色线、黑色线，然后用万用表的电阻档测试红、棕、黑 3 线两两之间的电阻，一般为几百欧，否则为开路，则判定为风扇电动机坏。

5）压缩机。在排除运行环境恶劣和接线错误以及系统异常的情况下，如果更换控制器之后仍然频繁出现 H5，则压缩机故障的可能性比较大。

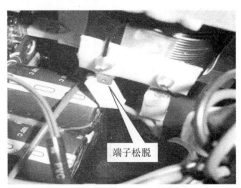

图3-31　检查电抗器

6）电磁四通阀。拔掉两条紫色的线，然后用万用表测量两条紫线之间的电阻值，是否为 1~2kΩ，如果太大则说明电磁阀存在开路的故障，更换电磁四通阀线圈。

7）如果以上故障均不存在，则检查室内机。

（五）更换室内机控制器故障依然存在分析与检修

如果更换室内机控制器故障依然存在，可按以下操作方法检修：

1）首先检查接线是否有误；

2）检查室内风扇电动机是否正常；

3）检查感温包是否存在故障；

4）如果以上故障均不存在，则检查室外机。

（六）室外风扇电动机不运转，而压缩机正常运行故障分析与检修

室外风扇电动机不转，而压缩机正常运行的情况下，一般运行一会后即会出现防高温等保护。图 3-32 所示为空调器室外风扇电动机控制电路，室外风扇电动机不转主要有如下原因，根据配置的室外风扇电动机是交流风扇电动机还是直流风扇电动机进行检测排除故障：

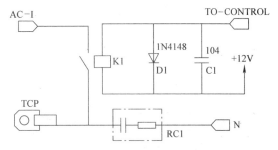

图3-32　室外风扇电动机控制电路

1）风扇电动机电容损坏（交流）；

2）电动机本体是否卡死、坏（异味、绕组开路或短路等均不正常。注意区分壳体高温导致的热保护器动作）；

3）电动机控制线路是否有正常输出信号、继电器是否吸合。

（七）空调器 PG 电动机驱动电路检修技巧

空调器 PG 电动机驱动电路如图 3-33 所示，故障原因及检修方法如下：

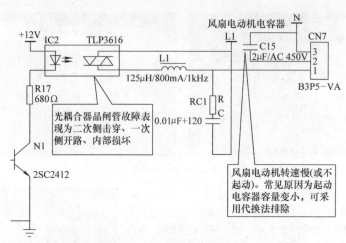

图3-33 空调器PG电动机驱动电路

1）通上电源后 PG 电动机立即以高速运行。常见原因为光耦合器晶闸管二次侧击穿。一次侧无供电，用万用表电阻档测量二次侧电阻接近 0Ω。更换光耦合器晶闸管即可排除故障。

2）开机后 PG 电动机不运行，为 3 种情况：一是光耦合器晶闸管一次侧开路，用万用表二极管档测量一次侧正、反向电阻均为无穷大；二是光耦合器晶闸管内部损坏，一次侧为 1.5V 供电时，二次侧电阻为无穷大，两种情况均可通过更换光耦合器晶闸管排除故障；三是线圈开路，万用表电阻档测量线圈阻值为无穷大，需要更换 PG 电动机排除故障。

3）风扇电动机转速慢（或运行时熔丝熔断）。常见原因为线圈短路，用万用表电阻档测量阻值偏小，运行电流超过额定电流值许多。需要更换 PG 电动机排除故障。

4）风扇电动机运行时有异响，是内部轴承缺油所致，可以通过听声音来判断。需要更换 PG 电动机排除故障。

5）风扇电动机运行转速正常，约 30s 后报"霍尔反馈"的故障代码。此种情况为电动机内部霍尔反馈电路损坏，如果在待机状态下，用手转动贯流风扇时，万用表直流电压档测量霍尔反馈输出端电压一直无变化（为 5V 或 0V），则需要更换 PG 电动机排除故障。

6）风扇电动机转速慢（或不起动）。常见原因为起动电容器容量变小，可采用代换法、充电检查法、专用万用表测量法来加以判断。更换起动电容器即可排除故障。

三、学后回顾

通过今天的面对面学习，对空调器内部控制电路常见故障的维修方法有了直观的了解和熟知，在今后的实际使用和维修中应回顾以下 3 点：

1）空调器过零检测电路损坏会出现什么故障现象？_____。如何检修？_____。

2）空调器遥控接收电路损坏会出现什么故障现象？_____。如何检修？_____。

3）更换室外机控制器故障依然存在，如何检修？_____。

第17天 空调器换板维修技巧

一、学习目标

今天主要学习空调器换板维修技巧，通过今天的学习要达到以下学习目标：

1）了解空调器通用万能板与原配控制板的区别。

2）掌握空调器控制板、变频空调器电源板、变频板的换板维修技巧。

3）熟知空调器电源板和变频板线束的连接方法及代换注意事项。今天的重点就是要特别掌握空调器控制板、变频空调器电源板、变频板的换板维修技巧，这是空调器维修中经常要用到的一种基本知识。

二、面对面学

（一）原配控制板换板维修技巧

对于控制板损坏严重的空调器建议采用换板维修，这样既方便又快捷。采用原配控制板代换的方法比较简单，直接购买相同型号、相同编号的控制板，接插件直接插上即可使用。

需要注意的是，同一个品牌的空调器控制板大多不可以同板换板维修。一定要注意配件编号相同，如图3-34所示。只有相同型号、相同编号的控制板方能直接代换。

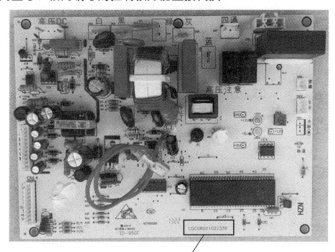

配件编号

图3-34　控制板编号识别

（二）通用控制板换板维修技巧

空调器生产厂家的转、停产给空调器维修点维修增加了难度，尤其是控制板。无法找到原厂产品的情况下，只有换用通用型控制板。

通用控制板又称万能改装板，一般用于普通空调器的换板维修。图3-35所示为壁挂式空调器万能改装板，主要组件是由主板、电源变压器、显示板、室内温度/管温传感器、遥控器等组成。

代换万能改装板之前，应注意连接端口匹配，换板型号匹配，一般在其包装盒上附有线路连接图和产品说明。图3-36所示为某壁挂式空调器万能改装板线路连接图。

对于室内风扇电动机的风速，通用控制板是利用3个继电器来进行切换的，如果空调器风扇电动机是抽头式的就好办，3个抽头分别接在通用控制板的3个风速档上即可。如果室内风扇电动机是电子变速，那就不能按照抽头电动机方式来改了，否则只是有一个最高风速档。

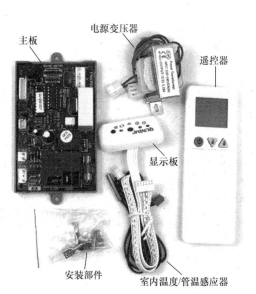

图3-35　壁挂式空调器万能改装板

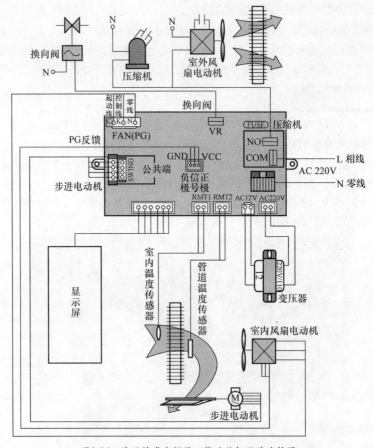

图3-36 某壁挂式空调器万能改装板线路连接图

典型普通壁挂式空调器通用万能改装板的换板维修可参照如下操作方法：

1）首先取下损坏的控制板。

2）用万用表电阻档测量室内风扇电动机的5根线，阻值大的两根接电容器。把这两根线并在一起，测其他3根，阻值大的为低速风档，阻值小的为高速风档，剩下的为中速风档。

3）将高、中、低3根线分别插到控制板上，再从接电容器的两根线中并入一根接电源。如果试机发现风扇电动机转向不正确，可调换之。

4）步进电动机接线的公共端子必须与通用控制板插座的公共端子之一对正，风向电动机才工作。如果电动机反转，则调换之。

5）接好四通阀及室外机连线。

6）恢复所有安装，若试机正常，则换板成功。

（三）变频空调器室外电源板换板维修技巧

变频空调器室外电源板如图3-37所示，主要由高直流电压、强滤波及控制电路组成。更换时应注意以下事项：

1）由于室外电控多为强电部件，控制器采用部分隔离的控制方式，许多回路与强电共地，因此操作时务必注意人身安全。

2）室外电源板电路在维修过程中，由于强电与弱电之间比较近，要注意测量地等安全问题。

3）因室外电源板上有大的电解电容器，电源切断后电容器仍有大量余电需要时间释放，请耐心等待电容器放电完毕后再进行操作，完全放电时间大概为30s；或者在DC−、DC+之间外接负载（如电烙铁等）进行人工放电。电荷放尽以后，用指针式万用表"×10k"档检测，表针应是指到"0"，然后慢慢退到"∞"，否则电解电容器损坏。

图3-37　变频空调器室外电源板

4）在进行维修之前一定要对室外电源板电路有一定的了解，最基本就是要了解电路是由几部分组成，各部分大概在什么位置，可能的作用是什么。

5）一拿到室外电源板就开始测量或直接上电检测是极不科学的维修方法，很有可能造成维修板被二次损坏。

6）室内、外连接线线序必须保持正确，否则除无法工作外可能会损伤电控制器。拆卸螺钉时应注意防护，避免有螺钉或其他异物掉落到电路板上或电控盒里，若有则必须进行及时清理。

（四）变频模块换板维修技巧

1. 变频模块的拆卸方法

当确认变频模块需要更换时，应注意检查室外电脑板是否已经放电完成，因为故障机往往耗电回路已经烧断，放电速度相对缓慢。可通过目测外板指示灯是否完全熄灭，也可以直接用万用表直流档检测 P-N 之间的电压是否已经低于 36V。

确认放电完成后才可以拆卸模块。该要点关系到人身安全，同时也可避免新更换的模块，在安装时被高压打坏。

2. 变频模块连接线束方法

无论何种型号，普通功率模块基本上具有 7 个连接点"P、N、U、V、W、10 芯连接排、11 芯连接排（部分品牌机型可能没有）"（功率模块带电源开关的没有），维修人员在更换模块前，务必用纸笔记下不同线色对应于哪一个名称的连接点，以便再次连接时可以一一对应不会出现错误。

特别要注意的是，不同的模块 7 个连接点位置会有很大的差异，切不可只记连线位置。7 个点中："P"用来连接直流电正极，在有些模块中也可能标识为"+"；"N"用来连接直流电负极，在有些模块中也可能标识为"−"；"U、V、W"为压缩机线，多数按照"UVW- 黑白红"的顺序进行连接，但也有很多例外（如变频一拖二），建议按照室外机原理图进行连接。

"10 芯连接排"是模块的控制信号线，该线有反正之分，已经通过端子的形状进行限定，安装时应确保插接牢固。"11 芯连接排"是模块驱动电源，有的机型可能没有，该线也分反正，已经通过端子的形状进行限定，安装时确保插接牢固。

安装变频模块时要注意，"P、N、U、V、W"任意两条线连错，只需要一次开机上电就会造成无法预料的模块损坏。

3. 更换变频模块注意事项

更换变频模块时，切不可将新模块接近有磁体，或用带静电的物体接触模块，特别是信号端子的插口，否则极易引起模块内部击穿。

使用没有风扇电动机电容器的变频模板代换时，需外接一个 2.5μF 的风扇电动机起动电容器，接线方法如图 3-38 所示。

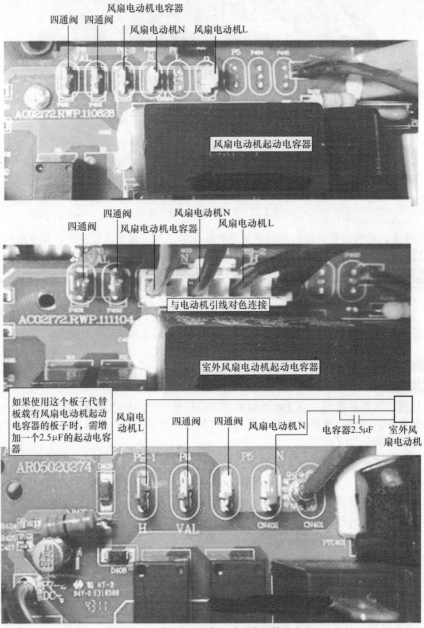

图3-38　加装风扇电动机起动电容器接线方法

三、学后回顾

通过今天的面对面学习，对空调器换板维修技巧有了直观的了解和熟知，在今后的实际使用和维修中应回顾以下 4 点：

1）如何代换变频空调器控制板？＿＿＿＿＿＿＿＿＿＿＿＿＿＿＿。

2）如何代换普通空调器通用万能控制板？＿＿＿＿＿＿＿。应注意哪些事项？＿＿＿＿＿＿＿。

3）如何代换变频板？＿＿＿＿＿＿＿＿＿＿＿。应注意哪些事项？＿＿＿＿＿＿＿＿＿＿。

4）如何代换变频空调器室外机电源板？＿＿＿＿＿＿＿＿。应注意哪些事项？＿＿＿＿＿＿＿＿。

第18天 空调器故障自诊与处理方法

一、学习目标

今天主要学习空调器故障自诊与处理方法，通过今天的学习要达到以下学习目标：

1）了解市面上新型空调器各自的故障代码，与所显示的代码对应的故障保护或类型。

2）掌握主流品牌空调器故障自诊与处理方法，通过查找空调器故障代码资料，快速处理故障。

3）熟知空调器常见的故障保护及恢复方式。今天的重点就是要特别掌握主流品牌空调器故障自诊与处理方法，这是空调器维修中经常要用到的一种基本知识。

二、面对面学

（一）海尔三菱重工空调器故障自诊处理方法

显示内容		自诊内容（代码说明）	故障说明
显示面板	检测（黄色）		
E1		控制板和室内机通信错误	①控制板或室内机控制系统问题、②控制板与室内机连接线开路或接触不良、③外界噪声干扰过大
E6	闪1次	室内机热传感器故障	①室内机热传感器开路或短路、②室内机热传感器电路损坏
E7	闪2次	室内机热交换传感器故障	①室内机热交换传感器开路或损坏、②室内机热交换传感器电路损坏
E9	闪4次	室内机异常	①电源电压过低、②管路压力过高、③高压开关RF25动作
E40	闪4次	室外机异常	
E57	闪5次	制冷剂不足	检查管路压力，添加制冷剂
E8	闪6次	室外机过载保护	①制冷剂添加过多、②通信系统阻塞
E28		控制板开关设置错误	将控制板SW13~SW6开关设置为OFF状态

（二）美的MDVH-V50W/T2N1-210室外机（PFC模块）故障自诊与处理方法

故障代码	故障保护或类型	恢复方式
E0	EEPROM参数故障	可恢复
E1	A室内蒸发器出口温度传感器故障	可恢复
E2	B室内蒸发器出口温度传感器故障	可恢复
E3	C室内蒸发器出口温度传感器故障	可恢复
E4	环境温度、管温传感器故障	可恢复
E5	电压保护	可恢复
E6	D室内蒸发器出口温度传感器故障	可恢复
E7	IRMCF341与780034通信故障	可恢复
E0	压缩机顶部温度（排气高温）保护	可恢复
P1	高压保护	可恢复
P2	低压保护	可恢复
P3	电流保护	可恢复
P4	模块保护	可恢复
P5	室外低温保护	可恢复
P6	室外冷凝器高温保护	可恢复
P7	压缩机位置故障保护	可恢复
PF	PFC保护	可恢复

（三）格力家用定频系列柜式空调器故障自诊与处理方法

故障显示	故障名称	检修方法
E1	系统高压保护	①检查系统压力是否正常、②判断高压保护开关是否正常、③高压检测线路是否正常、④过电流保护器是否正常、⑤主板是否正常
E2	室内防冻结保护	①检查室内蒸发器管温包的阻值是否正常、②检查系统压力是否正常、③判断低压保护开关是否正常、④低压检测线路是否正常、⑤过电流保护器是否正常、⑥主板是否正常
E4	排气管高温保护	①检查系统是否正常、②系统排空不净（有不凝气体）、③内、外风机是否正常、④过滤网、蒸发器是否正常、⑤检测线路是否正常、⑥显示板是否正常
E5	低电压保护	①检查电路电压是否在220伏正负百分之十的范围内、②压缩机是否卡缸、③电源是否虚接
E6、EH	静电除尘故障保护	静电除尘反馈信号线是否存在问题
EH	电加热黏连故障	
E1	正常化霜	

（四）格力家用天井机系列（指示灯控制）空调器故障自诊与处理方法

故障、保护定义	红色灯/运行指示灯	黄色灯/定时指示灯	绿色灯/压缩机指示灯	备注
系统高压保护	灭3s闪烁1次			运行指示灯开机时亮，关机时灭（开机时左边任一情况发生时，该指示灯闪烁，闪烁时该灯亮0.5s，灭0.5s）
内侧防冻结保护	灭3s闪烁2次			
系统低压保护	灭3s闪烁3次			
压缩机排气保护	灭3s闪烁4次			
通信故障	灭3s闪烁6次			
化霜		灭3s闪烁1次		定时指示灯定时或睡眠亮，否则灭（开机时左边任一情况发生时，该指示灯闪烁，闪烁时该灯亮0.5s，灭0.5s）
水满保护		灭3s闪烁8次		
			压缩机开时亮，关时灭	
另：通信指示灯（室内机面板LED1绿色灯）通信正常时指示灯闪烁				

（五）格力家用天井机系列（指示灯控制）空调器控制器通用故障自诊与处理方法

显示器代码	室内机指示灯闪烁		故障、保护定义	备注
E1	运行指示灯	灭3s闪烁1次	系统高压保护	
E2		灭3s闪烁2次	内侧防冻结保护	
E3		灭3s闪烁3次	系统低压保护	
E4		灭3s闪烁4次	压缩机排气保护	
E5		灭3s闪烁5次	低电压过电流保护	
E6		灭3s闪烁6次	通信故障	
E7		灭3s闪烁7次	模式冲突	
E8		灭3s闪烁8次	防高温保护	
E9		灭3s闪烁9次	防冷风保护	
E0		灭3s闪烁10次	整机交流电压下降降频	
H6		灭3s闪烁11次	无室内机电动机反馈	
C1		灭3s闪烁12次	故障电弧保护	
C2		灭3s闪烁13次	漏电保护	
C3		灭3s闪烁14次	错接线保护	
C4		灭3s闪烁15次	无地线	
F1	制冷指示灯	灭3s闪烁1次	室内环境感温包开、短路	指示灯闪烁时亮0.5s，灭0.5s
F2		灭3s闪烁2次	室内蒸发器感温包开、短路	
F3		灭3s闪烁3次	室外环境感温包开、短路	
F4		灭3s闪烁4次	室外冷凝器感温包开、短路	
F5		灭3s闪烁5次	室外排气感温包开、短路	
F6		灭3s闪烁6次	制冷过负荷降频	
F7		灭3s闪烁7次	制冷回油	
F8		灭3s闪烁8次	电流过大降频	
F9		灭3s闪烁9次	排气过高降频	
H1	制热指示灯	灭3s闪烁1次	化霜	
H2		灭3s闪烁2次	静电除尘保护	
H3		灭3s闪烁3次	压缩机过载保护	
H4		灭3s闪烁4次	系统异常	
H5		灭3s闪烁5次	模块保护	
H6		灭3s闪烁6次	PFC保护	
H7		灭3s闪烁7次	同步失败	
H8		灭3s闪烁8次	水满保护	
H9		灭3s闪烁9次	电加热管故障	
H0		灭3s闪烁10次	制热防高温降频	
FA			管温过高降频	
FH			防冻结降频	
FC			滑动门故障	

（六）格力幸运神系列变频空调器故障自诊与处理方法

故障、保护定义	显示器代码	指示灯闪烁次数	
室内环境感温包开、短路	F1	制冷指示灯（绿）	1
室内蒸发器感温包开、短路	F2		2
室外环境感温包开、短路	F3		3
室外冷凝器感温包开、短路	F4		4
室外排气感温包开、短路	F5		5
制冷过负荷降频	F6		6
制冷回油	F7		7
电流过大降频	F8		8
排气过高降频	F9		9
化霜	H1	制热指示灯（黄）	1
静电除尘保护	H2		2
压缩机过载保护	H3		3
系统异常	H4		4
模块保护	H5		5
无室内电动机反馈	H6		6
同步失败	H7		7
水满保护	H8		8
电加热管故障	H9		9
制热防高温降频	H0		10
管温过高降频	FA		11
防冻结降频	FH		12
系统高压保护	E1	运行指示灯（红）	1
内侧防交结保护	E2		2
系统低压保护	E3		3
压缩机排气保护	E4		4
低电压过电流保护	E5		5
通信故障	E6		6
模式冲突	E7		7
防高温保护	E8		8
防冷风保护	E9		9
整机交流电压下降降频	E0		10

（七）格力福乐园系列变频空调器故障自诊与处理方法

故障显示		故障名称	检修方法
双八显示	指示灯方式		
EE	制热指示灯灭 3s 闪烁 15 次	存储芯片故障	更换室内主板
EE	制热指示灯灭 3s 闪烁 15 次	室内 PCB 故障	更换室内主板
E2	运行指示灯灭 3s 闪烁 2 次	防冻结保护	室外环境温度过低
H4	制热指示灯灭 3s 闪烁 4 次	系统过负荷	系统异常，检查是否有脏堵
H6	运行指示灯灭 3s 闪烁 11 次	无室内机电动机反馈	电动机装配是否正常
F2	制冷指示灯灭 3s 闪烁 2 次	室内管温感温包故障	是否脱落、用万用表测量阻值是否正常
F1	制冷指示灯灭 3s 闪烁 1 次	室内环境温度感温包故障	
UF	制热与制冷灯同时闪烁 7 次	室内环境温度感温包故障	更换室内主板
H3	制热指示灯灭 3s 闪烁 3 次	压缩机过载保护	检查压缩机过载线连接状态
Lc	制热指示灯灭 3s 闪烁 11 次	起动失败	检测压缩机相间电阻及对地电阻是否正常，如果压缩机正常则室外主板可能出现故障
UH	制热与制冷灯同时闪烁 8 次	无室外机电动机反馈	室外机采用直流电动机时才会有此故障
E5	运行指示灯灭 3s 闪烁 5 次	过电流保护	电网是否经常会有大幅波动
U7	制冷指示灯灭 3s 闪烁 20 次	电磁四通阀换向异常	更换电磁四通阀
U1	制热指示灯灭 3s 闪烁 13 次	压缩机相电流检测电路故障	更换室外机主板
H7	制热指示灯灭 3s 闪烁 7 次	同步失败	检测压缩机相间电阻及对地电阻是否正常，如果压缩机正常则室外机主板可能出现故障
U5	制冷指示灯灭 3s 闪烁 13 次	整机电流检测故障	更换室外机主板
F3	制冷指示灯灭 3s 闪烁 3 次	室外环境感温包故障	是否脱落、用万用表测量阻值是否正常
E4	运行指示灯灭 3s 闪烁 4 次	压缩机排气保护	
F5	制冷指示灯灭 3s 闪烁 5 次	室外排气感温包开、短路	
F4	制冷指示灯灭 3s 闪烁 18 次	室外冷凝器感温包开、短路	
P8	制热指示灯灭 3s 闪烁 19 次	散热片温度过高	室外环境温度是否过高、散热器是否安装良好
UU	制热与制冷灯同时闪烁 11 次	直流过电流	检测负载是否过大，过电流检测电路是否存在故障
P7	制热指示灯灭 3s 闪烁 18 次	散热器感温包故障	更换室外机主板
F0	制冷指示灯灭 3s 闪烁 10 次	系统缺制冷剂或堵塞保护	测量系统压力是否正常
PH	制冷指示灯灭 3s 闪烁 11 次	直流输入电压过高	交流电源电压是否正常，室外主板升压电路故障
PL	制热指示灯灭 3s 闪烁 21 次	直流输入电压过低	
E6	运行指示灯灭 3s 闪烁 6 次	通信故障	室内外连接线是否正常可靠连接
UA	制热与制冷灯同时闪烁 12 次	现场设定错误，室内、外机搭配异常	室内、外机不匹配，如室内为冷暖机、室外为单冷机

注：压缩机保护停机 4min 后故障存在，直接显示故障代码。其他情况下，需 4s 内连续按 6 次灯光键才能显示。

（八）海信 KFR-60LW/27ZBp 空调器故障自诊与处理方法

代码	含义	代码	含义
0	无故障	1	室外盘管温度传感器或其阻抗/电压信号变换电路故障
2	压缩机温度传感器或其阻抗，电压信号变换电路故障	5	IPM 模块保护
6	过、欠电压保护	8	电流过载保护
9	最大电流保护	11	室外机存储器故障
13	压缩机温度过高保护	14	室外环境温度传感器故障
15	压缩机壳体过热保护	16	热交换器防冻结或防过载
18	压缩机不能起动或起动失败	19	压缩机失步
33	室内温度传感器或其阻抗，电压信号变换电路故障	34	室内盘管温度传感器或其阻抗，电压信号变换电路故障
36	室内、外通信故障	38	室内机存储器故障
39	室内风扇电动机运转异常	41	过零检测电路故障

注：连续 4 次按传感器的切换键，室内机显示屏显示故障代码。

（九）东芝 EV 变频分体挂壁式空调器故障自诊与处理方法

显示内容	故障或保护定义
E0	EEPROM 参数错误
E1	室内、外机通信故障
E3	室内风扇电动机速度失控
E5	室外温度传感器故障
E6	室内温度传感器故障
E7	室外直流风扇电动机故障
E8	模式冲突
P0	IPM 模块故障
P1	电压过低或过高保护
P2	电子膨胀阀故障显示
P4	直流变频压缩机位置保护
P5	三次高温保护
E9	显示板与室内板通信故障

（十）奥克斯 FS（Y）、DS（Y）、ZVY、CSY 系列空调器故障自诊与处理方法

故障代码	故障名称	故障部件
E1	室内室温传感器故障	①室内室温传感器、②室内主控板
E2	室外盘管传感器故障	①室内板上室外管温传感器故障、②室外盘管传感器、③室内主控板、④传感器线
E3	室内盘管传感器故障	①室内盘管传感器、②室内主控板
E4	室内、外机通信故障	①室外有板时，通信故障、②信号线、③室内主控板、④室外主控板
E5	压缩机过载保护	①室外有板时，压缩机过载保护、②电源电压、③缺液、④压缩机电容器、⑤室外主控板
E6	断相保护	①室外有板时，室外三相断相保护、②压缩机线、③室外主控板、④压缩机
E7	过电流保护	①室外有板时，过电流保护、②电源电压、③室外主控板、④压缩机
E8	排气传感器故障	①室外有板时，排气温度传感器故障、②排气温度传感器、③室外主控板
E9	排气温度保护	①室外有板时，排气温度保护、②系统压力、③排气温度传感器、④室外主控板

（十一）奥克斯 KF（R）-45LW/III 空调器故障自诊与处理方法

故障代码	故障名称	故障部件
面板定时灯闪烁 1 次 /s	室外盘管传感器故障	①室外盘管传感器、②连机线、③室外主控板、④室内主控板
面板定时灯闪烁 1 次 /8s	室内室温传感器故障	①室内室温传感器、②室内主控板
面板定时灯闪烁 2 次 /8s	室内盘管传感器故障	①室内盘管传感器、②室内主控板
睡眠灯闪烁	除霜状态	正常（除霜中）
运行灯与定时灯闪烁	制冷防冻结保护	①蒸发器、②室内风机、③毛细管、④室内盘管传感器、⑤室内主控板
运行灯与睡眠灯闪烁	制热防高温保护	①蒸发器、②室内风机、③细连机管、④室内盘管传感器、⑤室内主控板
运行灯闪烁	制热长时间防冷风	①系统压力、②缺液、③室内盘管传感器、④室内主控板

注：通过室内机显示板上的定时、睡眠、运行 3 个指示灯闪烁规律来表示故障。

（十二）奥克斯通用定频、变频柜机主控指示灯故障自诊与处理方法

LED1	LED2	LED3	故障名称	故障部件
○	○	○	正常（室外机待机）	正常，待机状态三灯全灭
★	★	★	正常（压缩机运行中）	正常，压缩机运行中三灯闪烁
●	●	●	强制运行（测试模式）	正常
★	★	●	模块保护故障	①电源电压、②压缩机线、③电抗器、④模块板、⑤室外主控板、⑥压缩机
★	★	○	PFC 保护故障	①电源电压、②电抗器、③ PFC 板、④模块板、⑤室外主控板
★	●	★	压缩机失步故障	①系统压力、②压缩机线、③模块板、④室外主控板、⑤压缩机
★	○	★	排气传感器故障	①系统压力、②排气传感器、③室外主控板
●	★	★	室外盘管传感器故障	①室外盘管传感器、②室外主控板
○	★	★	室外环温传感器故障	①室外环温传感器、②室外主控板
★	●	●	室内、外机通信故障	①连机线、②室内主控板、③室外主控板、④ EE 插反、⑤模块板、⑥ PFC 板
★	●	○	室外主控与模块板通信故障	①模块主控数据连接线、②模块板、③室外主控板
★	○	●	室外 EE 故障	① EE 用错、② EE 插反、③ EE 接触不好、④室外主控板
★	○	○	室外直流风机故障	①室外风扇电动机机械卡阻、②室外直流风扇电动机、③ EE 用错、④室外主控板
●	★	●	室内室温传感器故障	①室内室温传感器、②室内主控板
●	★	○	室内盘管传感器故障	①室内盘管传感器、②室内主控板
○	★	●	室内风扇电动机故障	①风叶机械卡阻、②室内风机、③室内主控板
○	★	○	其他故障或保护见工装显示	整套室外控制器
●	●	★	压缩机顶盖传感器故障	①系统压力、②压缩机顶盖传感器（保护开关）、③室外主控板
●	●	★	回气传感器故障	①回气传感器、②四通阀切换异常、③室外主控板
○	●	★	※ 压缩机超功率保护	①电源电压、②模块板、③室外主控板
○	○	★	※ 过电流保护	①电源电压、②系统压力、③模块板、④室外主控板
●	●	○	排气传感器故障	①系统压力、②排气传感器、③室外主控板
●	○	●	※ 制冷防过载保护	①冷凝器、②室外风扇电动机、③毛细管、④室外盘管传感器、⑤室外主控板
○	●	●	※ 制热室内防高温保护	①蒸发器、②室内风扇电动机、③细连机管、④室内盘管传感器、⑤室内主控板
●	○	○	※ 制冷室内防冻结保护	①蒸发器、②室内风扇电动机、③毛细管、④室内盘管传感器、⑤室内主控板
○	●	○	压缩机壳体温度保护	①系统压力、②压缩机顶传感器（保护开关）、③室外主控板
○	○	●	※ 过、欠电压保护故障	①电源电压、②电抗器、③ PFC 板、④模块板、⑤室外主控板

注：1. 通过室外机控制板上的 3 个 LED 指示灯显示：○代表灭；●代表亮；★代表闪。

2. 带 ※ 号的保护功能，只有导致整机无法正常工作时才需重点关注，平时室外板报出这些故障，是正常的限制频率功能提示，不能据此确认空调器工作不正常，应作为参考，综合电源、温度、制冷效果查找问题根源。

（十三）奥克斯移动式空调器故障自诊与处理方法

故障代码	故障名称	可能原因
E1	温度传感器故障	①温度传感器、②主控板
E2	盘管传感器故障	①盘管传感器、②主控板
P1	水满报警	①清空储水罐、②水满开关、③开关连接线、④主控板

三、学后回顾

通过今天的面对面学习，对空调器故障自诊代码与处理方法有了直观的了解和熟知，在今后的实际使用和维修中应回顾以下 4 点：

1）检修大多数变频空调器故障，首先应观察室内、室外机故障指示灯的闪烁情况。

2）根据故障代码，对应该品牌空调器的故障自诊代码。

3）根据故障自诊代码与处理方法，查找到电路的故障点。

4）最后，即可排除故障。

第19天　空调器故障多发部位分析与检修

一、学习目标

今天主要学习空调器制冷系统、电控系统故障分析与检修，这些是空调器故障多发部位，通过今天的学习要达到以下学习目标：

1）了解空调器制冷系统、电控系统多发部位的故障现象。

2）掌握空调器制冷系统、电控系统多发部位故障的分析与检修方法。

3）熟知空调器故障多发部位检修要点。今天的重点就是空调器制冷系统、电控系统多发部位故障的分析与检修方法，这是空调器维修中经常要用到的一种基本知识。

二、面对面学

（一）空调器风扇电动机起动电容器损坏的故障现象及检修步骤

空调器风扇电动机起动电容器损坏后，通常表现为风扇电动机不转动或转速慢，其检修步骤如下：

1）首先通电，检测塑料电动机两端有无 AC 80~170V 电压；柜式室内电动机和室外电动机两端有无 AC 220V 电压。

2）如果测得电压不正常，则检查电脑板电动机供电电路器件：光耦合器晶闸管、控制继电器等。

3）如果测得电压正常，则检测风扇电动机是否卡住或绕组是否开路。

4）如果风扇电动机问题，则更换电动机。

5）如果风扇电动机正常，则更换风扇电动机起动电容器，一般能排除故障。

（二）空调器光耦合器晶闸管损坏的故障现象及检修步骤

光耦合器晶闸管损坏后，空调器会出现如下故障现象：

1）通电后室内、室外风扇电动机立即运转（故障原因多为光耦合器晶闸管输出端击穿）；

2）遥控开机，室内、室外风扇电动机不运转。

可按如下步骤进行检修：

1）首先遥检测光耦合器晶闸管的输出端是否开路；

2）如果光耦合器晶闸管输出端开路，则更换光耦合器晶闸管；

3）如果光耦合器晶闸管输出端正常，则检测光耦合器晶闸管输入控制端 DC +5V 电压是否正常，风扇电动机及电动机控制电路是否正常；

4）如果 +5V 电压及电动机控制电路任意一处异常，则更换室内或室外机电电脑板、电动机；

5）如果光耦合器输入端均正常，则更换光耦合器晶闸管，即可排除故障。

需要注意的是，在更换光耦合器晶闸管之前，应先做以下检测：

1）电动机运转电容器是否正常；

2）电动机运转是否灵活；

3）电动机绕组是否正常；

4）电动机绕组与室外机铁壳间是否绝缘良好。

只有在上述检查均正常的情况下，才能换上新的光耦合器晶闸管，否则极易再次损坏。

（三）空调器压缩机故障分析与检修

压缩机不起动时，可按以下步骤进行检修：

1）首先排除制冷剂是否不足；

2）系统是否过热保护；

3）控制器是否存在故障所致（主要原因有 IGBT、整流桥及隔离二极管等不良）；

4）压缩机是否卡缸；

5）压缩机绕组是否短路或断路。

需要注意的是，变频空调器同一机型一般会配备多种压缩机，每种压缩机对应一种控制器主板，主板和压缩机是一一对应的，不能互相替换。因此若需要更换新的压缩机，必须查清故障机型的压缩机型号，选择完全一致的压缩机进行更换，不能单纯只根据机型来判断压缩机型号，否则会造成压缩机与系统管路及控制器的不匹配。

（四）压缩机过热，造成起动不久即停机（保护器动作）故障分析与检修

由于系统出现故障，造成压缩机过热保护停机故障的原因及检修方法如下：

1）制冷剂不足或过多，应补漏抽真空，加足制冷剂或放出多余的制冷剂。

2）毛细管组件（含过滤器）堵塞，吸气温度升高，应更换毛细管组件。

3）四通阀内部漏气，构成误动作，确认损坏后更新。

4）压缩机本身故障，如短路、断路、碰壳通地等，检查确认后更换压缩机。

5）保护继电器本身故障，用万用表检查在压缩机不过热时其触点是否导通。若不导通更换新的保护器，对于部分压缩机，例如更换格力 5528、5532 压缩机时，需检查起动电容器和起动继电器，若其中之一损坏，则必须两者同时更换。

6）高压压力过高，压力继电器动作，应先分析原因，针对情况予以排除。

7）冷凝器通风不良或气流短路，应先排除室外侧的障碍物，清洗冷凝器。

8）系统混有不凝液气体（如空气等），应抽真空重新灌注。

9）压缩机运转电流过大，应查明原因予以排除。

10）室外机组环境温度过高，应远离热源，避免日晒。

11）压缩机卡缸或抱轴。可用橡胶锤或铁锤垫上木块敲击振动压缩机外壳，或采用并联电容、放制冷剂空载的方法，可能使得压缩机起动运转，但若无效则应更换压缩机。

12）汽液阀未完全打开。

（五）感温包故障分析与检修

感温包故障一般可以根据室内机上的故障代码确定：

1）根据室内机显示的故障代码，更换相应的感温包，若有条件，也可通过拔出感温包端子后测量感温包两端阻值的方式来确定感温包的好坏；

2）如果更换感温包后故障依旧，则更换控制器。

（六）空调器遥控器不起作用故障分析与检修

1. 故障现象

遥控器显示正常，但遥控器不起作用，按室内机上的试运转或应急开关键，空调器运转正常。

2. 故障分析

该故障多数是因遥控接收器（损坏）或插头接触不好，少数是遥控器有问题，个别是控制板有问题或附近有强干扰。

3. 检修步骤

1）首先检查遥控接收器接收头。拔掉遥控接收器插头，引脚有腐蚀或锈迹去除，其次将该插头重新插上试机（可反复几次），如果遥控器恢复正常，说明该插头接触不好。

2）检查遥控接收器。测量遥控接收器 +5V 供电引脚和输出引脚电压。

3）如果分别为 +5V 和 +4V 左右，且输出引脚在操作遥控器时电压跳变，说明遥控接收器正常。

4）如果输出引脚电压过低，应断开该引脚，验证遥控接收。

三、学后回顾

过今天的面对面学习，对空调器多发部位的故障维修方法有了直观的了解和熟知，在今后的实际使用和维修中应回顾以下 4 点：

1）空调器起动电容器出现故障如何检修？_____。

2）空调器感温包不良，如何检修？_____。

3）空调器光耦合器晶闸管损坏如何检修？_____。

4）空调器遥控不起作用，如何检修？_____。

第20天　变频空调器维修方法与技巧

一、学习目标

今天主要学习变频空调器维修方法与技巧，通过今天的学习要达到以下学习目标：

1）了解自检显示功能在维修变频空调器中的重要性。区分 IPM 保护故障。

2）掌握变频空调器维修方法与技巧。

3）熟知利用故障自检显示功能，排查故障的维修方法与技巧。今天的重点就是要特别掌握变频空调器维修方法与技巧，这是空调器维修中经常要用到的一种基本知识。

二、面对面学

（一）利用故障自检显示功能，排查故障的维修方法与技巧

变频空调器检修的重点和难点在室外机。室外机有主电源供电、变频模块和电脑芯片板及其附属电路，

维修难度远大于普通空调器。因此，在判断故障时，应尽量利用故障自检功能。若室内机有故障代码显示，检修时可根据故障代码进行故障判断和检修。具体可按如下方法检修：

1）首先应该对空调器的代码与保护逻辑了解，以区分正常的保护与异常故障，具体保护逻辑参考技术服务手册。

2）当出现真正的故障时，要找到故障原因，而确定故障原因的最简便的是根据室内机显示的故障代码（或室外机主板指示灯）来判断。然后根据故障原因排查具体的故障点，再进行针对性的维修。

3）熟悉故障代码是判断故障点的基础。在室内机显示器不显示故障代码的情况下可以观察室外机面板指示灯的闪烁情况。

4）需要注意的是除故障代码提示的部位外，其相关电路也在故障检查范围内。例如，故障显示为传感器不良，那么传感器的相关电路，如分压电阻器、并联的电容器以及接插件等元器件都在检查范围内。

（二）通信故障分析与检修

变频空调器通信电路出现故障是因连续 3min 室内、外不能正常地交换数据，如图 3-39 所示。造成的主要原因有如下方面：

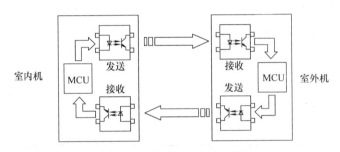

图3-39　通信电路数据交换示意图

1）室内、外机连接线接错或断路；

2）通信电路中光耦合器等元器件损坏；

3）室外机控制器因电源或其他故障未工作。

变频空调器出现通信故障，首先会在显示屏上显示相应的故障代码、故障点的确认，应根据室外机面板 3 个指示灯的显示情况对应该机型的具体代码进行判断。一般在不清楚故障机型的指示灯代码时，可按如下通用检修方法排除故障：

（1）检测光耦合器

1）首先用万用表检测室内机光耦合器的电阻值及变化量值是否正常，如图 3-40 所示。

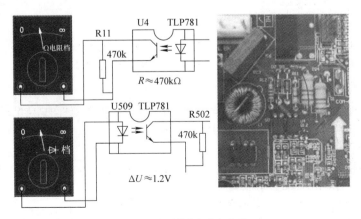

图3-40　检测室内机光耦合器

2）检测通信线接口及室外机光耦合器是否正常，如图 3-41 所示。

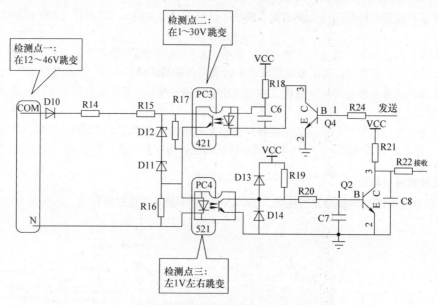

图3-41　检测通信线及室外机光耦合器

（2）检测室内、外机连接线

首先将万用表设定为交流电压档，测试室外机电器盒接线板上 N（1）与 3 零、相线之间是否有 220V 电压，如图 3-42 所示。

如果 N（1）与 3 之间无电压，则检测室内机侧接线板是否有电，如果室内机侧接线板没有电压，则检查室内机接线是否正确，否则更换室内机控制器。若室内机供电正常，则检查室外机的接线是否正确，是否存在接线错误或接线松脱的现象。如果以上现象均不存在，则可以直接更换室外机控制器。

（3）检测通信线

通信线正常时，拔除室外机通信线插片，用万用表 DC 档测零线和通信线之间的电压，此时应有恒定的电压值，如图 3-43 所示。

图3-42　测试室外机电器盒接线板电压

图3-43　检测通信线

（三）IPM 保护故障维修方法与技巧

变频空调器出现 IPM 保护故障时，可按如下操作方法检修：

1）首先拔掉电源插头 3min 后重新上电；

2）如果马上显示 IPM 保护故障代码，则检查压缩机的接线是否有误或者松脱，如果接线无误，则更换室外机控制器；

3）更换室外机控制器后，如果仍然立刻显示 IPM 保护故障代码，则为压缩机故障，应更换压缩机；

4）如果运行一段时间后才显示 IPM 保护故障代码，此时需要看用户运行环境是否真正很恶劣（如冷凝器脏堵等）；

5）如果运行环境恶劣，则属于正常地保护；

6）如果运行环境不恶劣，则需要进一步检查压缩机线是否反接、模块螺钉是否拧紧、是否存在压缩机故障或系统堵塞故障；

7）如果以上故障均不存在，则更换室外机控制器。

（四）功率模块故障维修方法与技巧

1. 确定电源故障

检修功率模块前，首先应该确定电源是否正常，具体判断方法如下：

1）首先检查功率模块上模块的 "P"、"N"（有些标注为 "+"、"−"）两个接插件上是否有 260~310V 的直流电。

2）如果功率模块输入端没有 300V 左右的直流电，则说明该机的整流、滤波电路有问题。

3）如果有直流 300V 左右的电压输入，U、V、W 三相间没有低于 220V 的均等电压输出（交流变频空调器输出的是交流电，而直流变频空调器输出的是直流电），则基本上可以判断功率模块有故障。但有时也会因电脑板输出的控制信号有故障，导致功率模块无输出电压，维修时应注意仔细判断。

2. 功率模块的检测方法

（1）电阻测量法

用万用表的电阻档测量功率模块应在模块脱离电路和压缩机的情况下进行，具体方法如下：

1）万用表的红表笔对 P 端，黑表笔分别对 U、V、W 端，其正向阻值应相同。若其中任何一相阻值与其他两相阻值不同，则可判定该功率模块损坏。

2）用黑表笔对 N 端，红表笔分别对 U、V、W 三端，其每相阻值也应相等，若不相等，也可判断功率模块损坏。

3）如果采用的是数字万用表，其表笔接法与指针式万用表正好相反，其红表笔对 N 端，黑表笔对 U、V、W 端，其阻值应相同。黑表笔对 P 端，红色表笔对 U、V、W 端，其阻值应相同。

（2）电压测量法

用万用表电压档进行测量：测量功率模块驱动电动机的电压，其任意两相间的电压应在 0~180V，且相等，否则说明功率模块损坏。如果驱动的触发电压不正常或者消失，可以肯定功率模块已经烧毁。

3. 功率模块损坏原因排查方法

由于模块自然损坏的概率很小，导致功率模块损坏的常见原因主要有：浪涌电压或电流、负载过重，控制电路故障以及保护电路失效等所致，因此更换功率模块前一定要把其损坏原因找到，具体方法如下：

1）首先检测滤波电容器的容量，如果电容器容量不足，空调器带负载时很容易烧毁模块。

2）检查扼流线圈和整流桥等部件是否正常。

3）检查压缩机是否存在故障。压缩机有问题是功率模块负载过重的主要原因，由于压缩机绕组阻值很小，利用万用表很难准确判断其是否正常。这时可用 3 个同样功率的灯泡按照丫形联结连接，用来代替压缩机进行试验，进一步分析故障在压缩机还是在功率模块。

4）检查驱动电路是否存在故障。因为当模块损坏后，特别是大功率 IGBT 击穿，很容易殃及相应的驱动电路。把模块已坏的那一路的驱动电路彻底检修好，最好先不接模块，单独给驱动电路板通电。驱动电路维修好的标准是 6 路触发电压两两相同。

5）检测保护电路是否失效，如果保护电路失效，更换的新模块很容易再次损坏。

最后，值得注意的是，在判断功率模块是否正常时，禁止用正常模块代换的方式进行判断，防止因功率模块在出现故障的同时，将驱动电路连带损坏。这时如果盲目代换，很可能将导致正常模块再次损坏。只能在确保驱动电路正常的前提下，再更换功率模块。在更换功率模块时，切不可以将新模块接近磁性物体，特别是不要接触信号端子的插口，否则极易引起模块内部击穿损坏。

（五）室外机不工作故障维修方法与技巧

变频空调器的室外机出现不工作的故障，可按如下方法检修：

1）首先开机，检查室外机有无 220V 电压，如没有 220V 电压，则检查室内、外机连接是否接对，室内机主板接线是否正确，否则更换室内机主板。

2）若上电蜂鸣器不响，则检查变压器。

3）若室外机有 220V 电压，检查室外机主板上红色指示灯是否亮，否则检查室外机连接线是否松动，电源模块 P+、N– 间是否有 300V 左右的直接电压，若没有 330V 直流电压，则检查电抗器、整流桥及接线。如果有 330V 直流电压，但室外机主板指示灯不亮，先检查电源模块到主板的信号连接线（一般为 10 根）是否松脱或接触不良。

4）若故障不变，则更换电源模块，更换模块时，在散热器与模块之间一定要均匀涂上散热膏。

5）若室外机有电源，红色指示灯亮，室外机不起动，可检查室内、外机通信，检查方法（以格力空调器为例）：开机后按"TEST"键一次，观察室内机指示灯，任何一种灯闪烁为正常，否则通信有问题；检查室内、外机连接线是否为专用的扁平线，否则更换之。

6）若通信正常，则检查室内、外机感温包是否开路或短路或阻值不正常，过载保护器端子是否接好。

7）若以上两种方法均不能解决，则更换室外控制器。

8）若空调器开机一会儿停机，且不能起动，则检查室内管温感温包是否开路；若开机后再起动，室外风扇电动机不起动，检查室内、外感温传感器是否短路。

三、学后回顾

通过今天的面对面学习，对变频空调器维修方法与技巧有了直观的了解和熟知，在今后的实际使用和维修中应回顾以下 3 点：

1）如何检修功率模块故障？ _____

2）如何利用变频空调器故障自检显示功能排查故障？ _____

3）变频空调器室外机不工作故障，如何检测？ _____

第21天　图说高手级变频空调器综合维修技巧

一、学习目标

今天主要学习空调器复杂故障的维修技巧，通过今天的学习要达到以下学习目标：

1）了解变频空调器综合故障的故障表现和故障特性。

2）掌握变频空调器综合故障的分析方法和故障的排除方法。

3）熟知变频空调器室内、外通信电路，模块驱动电路，风扇电动机控制电路等电路的工作原理。今天的重点就是要特别掌握变频空调器综合故障的分析方法和故障的排除方法，这是空调器维修中经常要用到的一种基本知识。

二、面对面学

（一）**图说 TCL 直流变频空调器变频驱动故障维修技巧**

1）首先重新上电观察显示的保护代码，先显示"P0"，为变频驱动故障，可按如下方法检修。

2）如果压缩机起动运行数秒甚至未起动就显示该代码，则检查压缩机连线正确性，U、V、W 端对应接线为"红、白、蓝"，如图 3-44~ 图 3-46 所示，如果无错误插线，则更换模块板。

图3-44　压缩机连线位置识别

（模块板型号：V1- -Inverter Module）

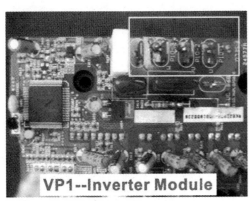

图3-45　压缩机连线位置识别

（模块板型号：VP1- -Inverter Module）

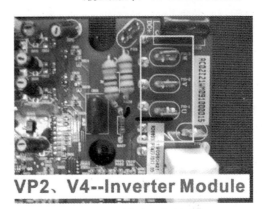

图3-46　压缩机连线位置识别

（模块板型号：VP2、V4- -Inverter Module）

3）如果空调器在运行过程中出现"P0"，则检查室外模块板安装在散热片上是否牢固；硅胶是否涂抹均匀，如果散热固定松动，重新固定即可，如图 3-47 所示。

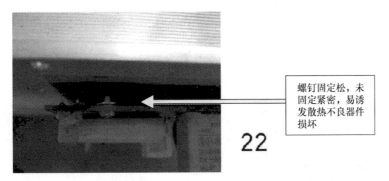

螺钉固定松，未固定紧密，易诱发散热不良器件损坏

图3-47　检查散热片是否牢固

4）检查系统压力是否正常，压力不足时，重新加注制冷剂；压力过大，放掉一些制冷剂。

5）检查室外通风，是否有阻碍物，影响空调器正常散热，按安装位置要求使室外机进风口、出风口通风顺畅。

6）若检查以上均正常，但故障还存在，则更换模块板。

（二）图说 TCL 直流变频空调器室内、外通信故障维修技巧

1）首先上电观察 10min 左右，若一直显示 E0 或在显示 E0 一段时间后转换成 E5，说明为室内、外通信故障。

2）检查室内、外连接线是否连接正确，室内、外 L、N 要一一对应；测室外机接线端子 L、N 电压（报"E0"故障前），如果电压为 0，则更换室内电控板，如图 3-48 所示。

3）如果 L、N 电压正常，测量室外机端子上 N、1 之间电压，若测得 0~24V 电压变化，则更换室内电控板，如图 3-49 所示。

图 3-48　测室外机接线端子 L、N 电压

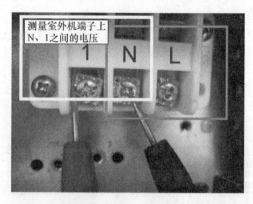

图 3-49　测量室外机端子上 N、1 之间的电压

4）如果 L、N 电压正常，测量室外机端子上 N、1 之间的电压，0~13V 电压变化，无 24V，则更换室外机电源板。

5）如果 L、N 电压正常，测量室外机端子上 N、1 之间的电压，如果没有电压变化，先更换室内机，如果故障还存在，更换室外机电源板。

6）检查室外机电源板上的指示灯，若指示灯不亮，则检查 PFC 板，具体测试整流桥、快恢复二极管、IGBT 器件各引脚之间是否有击穿短路损坏，如图 3-50~ 图 3-52 黑色矩形标注所示，如果有损坏，需更换 PFC 板。

7）若上述器件没有损坏，则测试 DC+ 与 DC− 之间直流电（图 3-52 中浅色矩形标注），如果有 300V 左右，则更换电源板；若没有 300V 电压，则更换 PFC 板。

V1--PFC Board

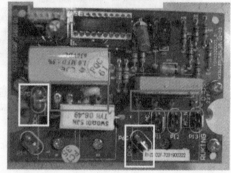

图3-50　整流桥、快恢复二极管、IGBT位置识别
（PFC板型号：V1- -PFC Board）

V4--PFC Board

图3-51　整流桥、快恢复二极管、IGBT位置识别
（PFC板型号：V4- -PFC Board）（一）

V4--PFC Board

图3-52　整流桥、快恢复二极管、IGBT位置识别
（PFC板型号：V4- -PFC Borad）（二）

8）如果以上都无法解决，则先更换模块板，还不行则更换整套电控板。

9）若整机初装测试出现此故障，则检查室内控制板与室外变频模块板是否为同一代产品，更换同一代产品安装即可排除故障。

（三）图说 TCL 直流变频空调器室外机控制板不通电故障维修技巧

TCL 变频空调器室外机控制板红灯不亮时，可按如图 3-53 所示方法检修，具体操作步骤如下：

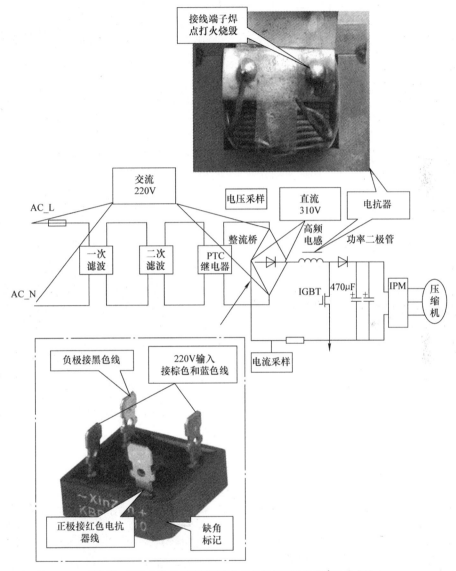

图3-53　TCL直流变频空调器室外机控制板不通电故障检修方法

1）首先检查 L、N 交流 220V 输入电压是否正常；

2）检查熔丝是否完好、插接件是否有松动；

3）检查控制板和整流桥之间连接的电抗器是否导通；

4）检查整流桥是否有交流 220V 输入和直流 310V 输出；

5）如果电抗器输出有直流 310V，而控制板红色指示灯不亮，则为室外机控制板故障；

6）实际维修中发现为电抗器引出线焊点打火断路，造成室外机控制板不通电"E0"报警。

（四）图说长虹 180° 直流变频空调器室内、外机通信故障检修技巧

长虹 180°直流变频空调器全称是 180°正弦波驱动直流变频空调器是相对 120°方波驱动直流变频空调器来命名的。出现该故障会显示故障代码"F6"（室内机无法接收室外机通信）和"F7"（室外机无法接收室内机通信）；可按如下方法检修：

1）首先检查室内、外机接线。特别是首次开机，出现通信故障的多数原因是接线错误。先检查机组连线，机组连线接对了，也检查一下内部接线是否正确。柜机多数故障是因电加热零线接到了第 3 位通信线上，导致整机无法工作，报通信故障。长虹 180 度直流变频空调器挂机和柜机接线如图 3-54、图 3-55 所示。

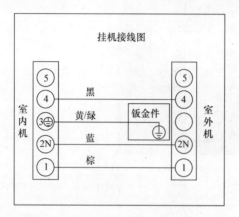

图 3-54　长虹 180 度直流变频空调器挂机接线图　　　图 3-55　长虹 180 度直流变频空调器柜机接线图

2）检查室内机是否向室外机供电。测量室内机接线端子座 1、2 位间电压是否为 220V。

3）如果没有电压，则是室内机供电电路问题。参考室内机电路图，确保向室外机供电的电路器件无漏焊、虚焊，对照电路图标注型号进行器件阻值、电压等参数测量，若器件损坏，则更换相同型号的器件。

4）如果室内机有向室外机供电，则检查室外机主控板熔丝管是否熔断、室外机主板上电源灯是否点亮。如果电源灯不亮，参考室外机电路图（见图 3-56），维修主板开关电源或更换主控板。

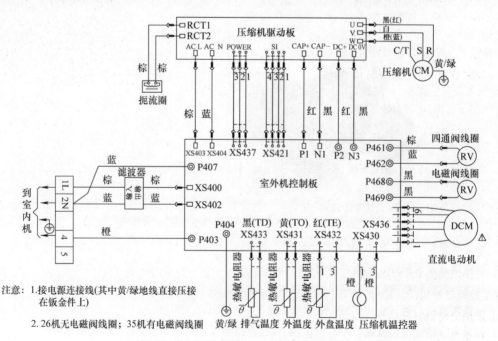

图 3-56　长虹 180°直流变频空调器室外机接线图

5）如果室外电源灯亮，则根据电流图检查通信电路是否存在故障，重点检查 D103、D104、D421、D402 4 个光耦合器是否正常，如图 3-57 所示。

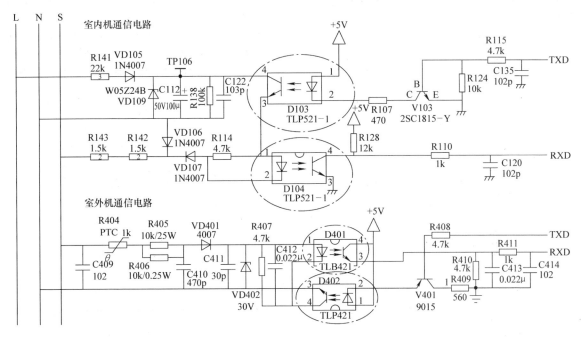

图 3-57　长虹 180°直流变频空调器通信电路

6）检测室外机模块 DC+DC 电路是否短路，如图 3-58 所示。

（五）图说长虹 KFR-35GW/ZHW（W1-H）+2 型变频空调器室外机反复起动和停机故障维修技巧

该机制冷开机，压缩机起动后又立即停机，3min 后又起动，压缩机刚起动一下，又停机了。压缩机停机时，室外风扇电动机也停了。如此周而复始，不断地起动和停机。该故障的检修过程如下：

1）初始查询。首先查询故障代码 17，没有故障代码显示。查询温度设定 16℃、室温 23℃、内盘 21℃、室外温度 20℃、外盘 20℃、压缩机排气温度 21℃，没有发现异常。

2）怀疑通信故障。通信故障应该报"F6"，若没报，而且可以查询室外温度，说明通信正常，因此排除了通信故障的可能。

图 3-58　长虹 180°直流变频空调器室外机模块

3）怀疑压缩机的 U、V、W 三相接错。经打开压缩机接线盒检查，压缩机内和模块上 U、V、W 三相相互对应，没有接错。

4）怀疑室外机主控板上压缩机继电器坏。好的室外机，压缩机起动时有压缩机继电器的吸合声，而本机没听到。用手触摸了一下和压缩机继电器并联的 PTC 起动器外壳，发现外壳很烫，正常的是不烫的。于是判断是压缩机继电器 K401 未吸合造成的故障。该机变频压缩机软起动原理如图 3-59 所示。

（六）图说大金 RXYQ8P-48PY1C 冷暖型空调器显示维修技巧故障代码"H7"

经查故障自诊代码，显示"H7"为室外机风扇电动机信号异常，估计故障可能原因如下：

1）风扇电动机异常信号（回路故障）；

2）风扇电动机连接电缆断开、短路或接头未连接；

3）风扇变频器 PC 板故障。

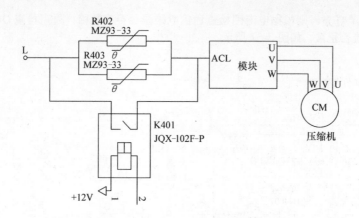

图3-59 压缩机继电器K401相关电路截图

可按如下步骤检修：

1）首先关闭电源；

2）检查风扇电动机插接件 X2A 是否正确连接至风扇变频器的 PC 板；

3）如果 X2A 连接异常，则正确连接即可；

4）若 X2A 连接正常，则检查风扇电动机插接件是否正常；

5）若风扇电动机插接件正常，则断开插接件 X2A，检查风扇电动机导线插接件 VCC-UVW 和 GND-UVW 间的电阻值是否相等，如图 3-60 所示。

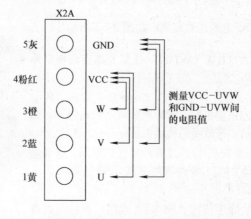

图3-60 风扇电动机插接件X2A

6）若电动机导线插接件 VCC-UVW 和 GND-UVW 间的电阻值不相等，则更换风扇电动机。

7）若电动机导线插接件 VCC-UVW 和 GND-UVW 间的电阻值相等，则更换风扇电动机变频器 PC 板（A3P）。

（七）图说海信 KFR-50L/39BP 型空调器在制热状态下，室内机风扇电动机不转故障维修技巧

1）首先对故障进一步分析，此故障在制热状态下，室内机风扇电动机不转，但在制冷状态下室内机风扇电动机运转正常。说明故障出在室内机盘管温度传感器电路或通信电路中。

2）为了进一步确认，用万用表的 DC 20V 档检测管温传感器电阻器 R16 电压为 2.5V 左右正常，再用手摸一下粗管感觉烫手，说明传感器电路正常。管温传感器电阻器 R16 相关电路截图如图 3-61 所示。

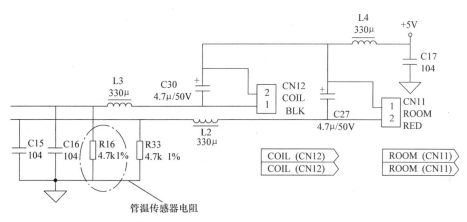

图3-61　管温传感器电阻器R16相关电路截图

3）用短接工装，短接室外机 **CN6** 强制起动进入制热状态，室内风扇电动机转，说明故障出在室内、外机的通信电路。相关资料如图 **3-62** 所示。

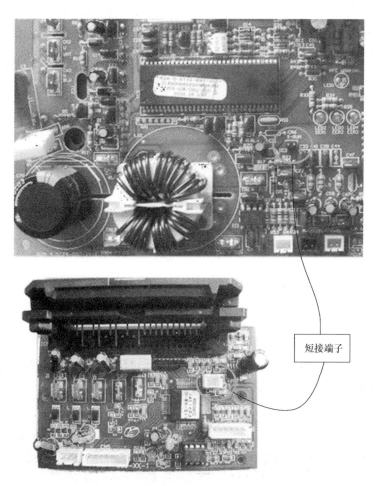

短接端子

图3-62　短接室外机CN6强制起动

4）此系列的通信电路已经更改了通信协议，首先室内机向室外机发送信号，室外机压缩机等运行正常情况下，室内机必须接收到室外机信号，室内机风扇电动机才会正常运行，如果室内机接收不到通信信号，室内机风扇电动机不会运转。所以故障出在室内机信号接收光耦合器（PC1 TLP521）或室外机发送光耦合器（PC3 TLP521），如图 3-63 所示。

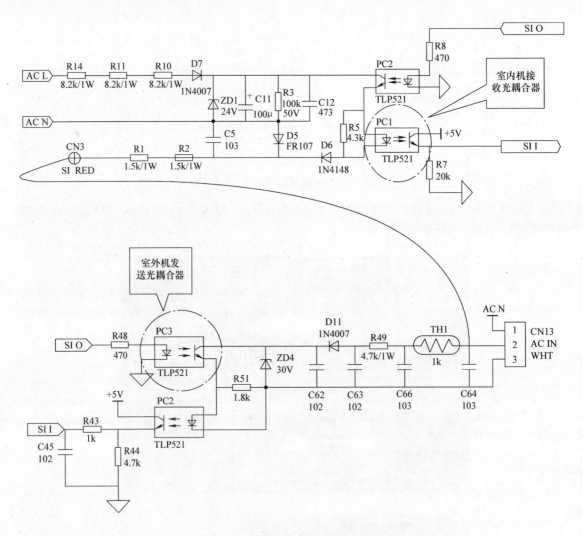

图3-63　海信KFR-50L/39BP型空调器通信电路

更换损坏的光耦合器，即可排除故障。

（八）图说海信 KFR-50W/26VBP 型空调器压缩机不起动，风扇电动机正常运转故障维修技巧

通电以后压缩机不起动，风扇电动机正常运转，故障自诊断显示（亮、亮、灭）为传感器故障，该机传感器电路原理如图 3-64 所示。该故障可按如下方法检修：

1）首先用万用表 DC 20V 档检测排气、盘管及环境传感器的分压电阻器 R39、R45、R47 电压为 0V，正常时应为 2V 左右（此电压随温度的变化而变化，此数值仅供参考，请以实测数值为准），说明传感器开路或没有 5V 电压，因 3 个传感器的电压都为 0V，说明不可能都是传感器开路。因为故障自诊断功能能显示，说明 CPU 能正常工作，也就是 5V 正常，怀疑可能是传感器电路供电电路存在问题，导致整个传感器电路不工作。

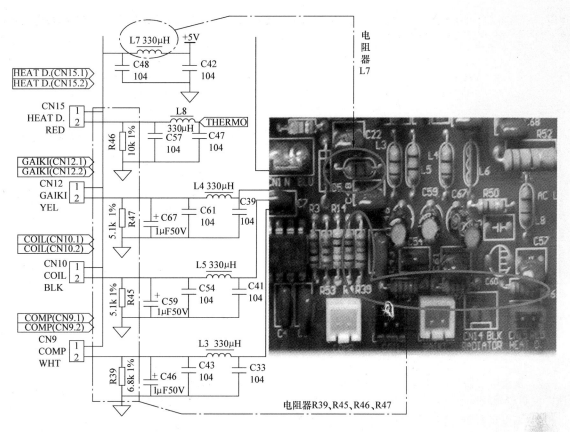

图3-64　海信KFR-50W/26VBP型空调器传感器电路原理

2）用万用表 DC 20V 档检测电感器 L7 电压，测量电感器输入端的电压为 5V，电感器输出端电压为 0V，说明电感器开路。

3）为进一步验证电感器是否存在问题，断电后用万用表 "2k" 档测 L7 已无穷大，导致整个温度传感器电路无法工作。

4）换新电感器 L7，通电后空调器运转正常。

（九）图说海信 KFR-50W/39BP 型空调器压缩机自动停机，风扇电动机转故障维修技巧

遇到这种故障首先查看代码灯 LED1、LED2、LED3 显示状态，为亮、闪、灭是电流过载保护，应重点检查电流检测电路，该机电流检测电路在电路板中的位置及电路截图如图 3-65、图 3-66 所示，故障排除主要分以下 3 步：

1）将万用表调在 DC 20V 档，测量电阻器 R14 是否有 1.5V 左右的电压（此电压随电流的变化而变化），如果有 1.5V 左右的电压，说明芯片存在问题，如果没有 1.5V 的电压，说明 LM358N 的前级存在问题，当测量电压为 5V 时，说明二极管 D5 击穿。

图3-65　海信KFR-50W/39BP型空调器电流检测电路识别

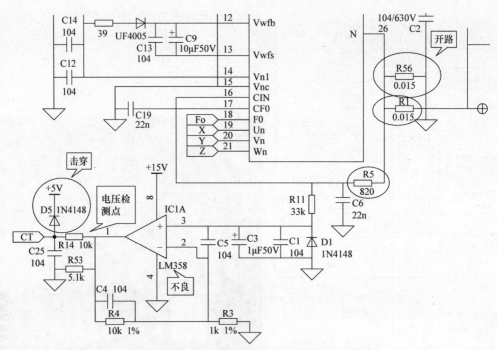

图3-66　海信KFR-50W/39BP型空调器电流检测电路截图

2）测量电阻器 R11 是否有 0.09V 左右的电压（此电压随电流的变化而变化），如果有 0.09V 左右的电压，说明 LM358N 不良，如果没有 0.09V 的电压，说明前级的采样电阻器存在问题。

3）断电用万用表的电阻档，测量采样电阻器 R5、R1、R56 是否开路，经测 R1、R5 阻值正常，R56 开路更换 R56 电阻器故障排除。

（十）图说海信变频空调器室内机吹风，室外机不起动故障维修技巧

变频空调器室内机吹风，室外机不起动属于电控性能故障。检修此类故障时可采用排除法：

1）先分出是室内机还是室外机故障。

2）再将室外机分成强电电路和弱电控制电路两部分，缩小检测范围以排除法判断空调器故障部位。

3）可用万能表检测室内、外机端子排：2（N）、4（SI）间是否有 0~24V 直流电压，1、2 间是否有 220V 交流电压，如图 3-67 所示，无输出以上电压值，说明为室内机故障。若有可初步判定为室外机故障或通信故障，或者通过观察室外机故障指示灯所报故障直接检测故障部位。

4）用短接线短接室外机检测端子，如图 3-68 所示。然后给室外机单独通 220V 电压，可进一步区分通信和室外机其他电路故障。

5）短接、通电后如果室外机运行，则可判定为通信电路故障。

6）若室外机不运行，可判定为室外机电路故障。

7）可用观察室外机电源板上的电源指示灯是否点亮，如图 3-69 所示，若不亮，可检测室外机强电部分电路和电控板上的熔丝是否断路。

图 3-67　检测室内、外机端子排

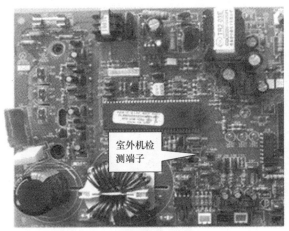

室外机检测端子

图3-68　短接室外机检测端子

图3-69　室外机电源板

8）若亮，可检测室外机弱电和控制部分及驱动部分是否发生故障。

9）用万用表测量 IPM 板上的 P、N 端是否有 310V 直流电压，若无可检测交流部分 PTC、继电器、整流桥元器件和直流部分的电抗器、滤波电容器是否损坏，连接导线是否松脱接触不良现象，若以上零部件良好，可更换室外机电源板。

10）测量 IPM 板（见图 3-70）上的 P、N 端 310V 直流电压正常，可检测室外机各传感器阻值，电压、电流检测电路是否正常。若以上部分电路正常，可将压缩机 U、V、W 三端子在 IPM 板上拔下（注：只限制交流变频系列机型短时间内如此操作），测量有无三相均等的交流电压输出，若有可判定为压缩机故障或系统故障，若无三相均等的交流电压输出，可更换带主芯片的 IPM 板。

（十一）图说日立 SET-FREE 节能先锋系列空调器室外机风扇与风扇控制模块故障维修技巧

该机室外机风扇与风扇控制模块故障会报警"04"，可按如下方法检修：

1）首先查看室外机控制板外观是否存在压敏电阻器或电容器等的爆裂现象，如图 3-71 所示。

图3-70　测量IPM板

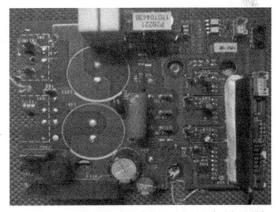

图3-71　日立SET-FREE节能先锋系列空调器室外机控制板

2）检查风扇控制模块 FANM 是否存在问题，如图 3-72 所示。测量确认 DB1 的"+"和 TB7 间阻值为 500Ω。

3）当风扇控制模块 FANM 出现问题时，需要对风扇电动机进行同步检查，确认风扇电动机是否损坏，如图 3-73 所示。

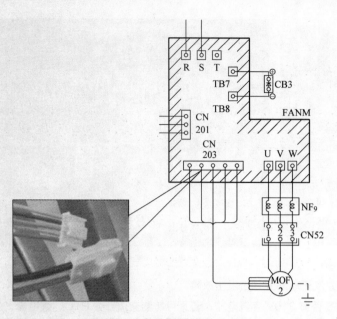

图 3-72 检查风扇控制模块 FANM

图 3-73 日立 SET-FREE 节能先锋
系列空调器室外机风扇电动机

4）换新损坏的元器件，即可排除故障。

三、学后回顾

通过今天的面对面学习，对变频空调器综合故障的维修方法有了直观的了解和熟知，在今后的实际使用和维修中应回顾以下 3 点：

1）变频空调器通信故障的分析和故障排除方法是怎样的？_____。

2）变频空调器室外机反复起动和停机故障的分析和故障排除方法是怎样的？_____。

3）变频空调器室外机控制板不通电故障的分析和故障排除方法是怎样的？_____。

第4章

空调器维修实训面对面

第22天 格力空调器维修实训面对面

一、学习目标

今天主要学习格力空调器故障的维修方法，通过今天的学习要达到以下学习目标：

1）了解格力空调器有哪些比较常见的故障？

2）掌握格力空调器常见故障的处理方法，特别是通病和典型故障的维修方法。

3）熟知格力空调器故障的分析和排除方法，以便在实际维修中灵活运用，迅速排除故障。今天的重点就是要特别掌握格力空调器常见故障的处理方法，特别是通病和典型故障的维修方法，这是空调器维修中经常要用到的一种基本知识。

二、面对面学

（一）机型现象：格力 1~1.5P 玉、绿、凉系列变频空调器显示故障代码"E6"，且室外机只有红灯闪烁

检测修理：显示"E6"为通信故障，根据室外机指示灯只有红灯闪烁，应重点对室外机控制板通信电路进行排查。具体的测试要点、数据、故障部位如图4-1所示。

通信接收信号检测点：C503 的下端
正常值：此点电压有规律变化
万用表黑表笔：与U404散热器接触
　　　　　　　或与C503上端接触
万用表红表笔：与C503下端接触

直接用万表红黑表笔测量此点两端，
如果电压有变化，说明室内机向室
外机发送数据正常

通信发送信号检测点：C524下端
正常值：此点电压有规律变化
万用表黑表笔：与U404散热器接触
万用表红表笔：与R524下端接触

图4-1　格力1-1.5P玉、绿、凉系列变频空调器通信故障检测点

故障换修处理。该故障的处理方法如下：

1）首先用万用表直流电压档测量 C503 两端的电压，如果电压值在 0~3.3V，说明室内机已经发送了信号只是室外机没有接收到，可以直接更换室外机板。

2）如果 C503 两端的电压恒为高电平（3.3V 左右）或者恒为低电平（0V 左右），则可以用万用表的交流电压档测量室外机接线板上的通信线（2）对零线（N1）之间的电压，电压在 0~20V 跳动说明室内机有信号发送，室外机没有接收到，属于室外机故障，更换室外机板。如果没有变动，则说明室内机根本没有发送信号或通信线断路，检查通信线或更换室内机控制器。

（二）**机型现象：格力 1~1.5P 玉、绿、凉系列变频空调器整机能制热不能制冷**

检测修理：一般是由于室外机控制器电磁四通阀继电器 K3 触点黏接所致，可以通过万用表进行判断。相关维修资料如图 4-2 所示。

故障换修处理：更换室外机控制器电磁四通阀继电器 K3，即可排除故障。

（三）**机型现象：格力 2~3P 竹林风、清巧及睡系列变频空调器显示故障代码"E6"，且绿灯正常闪烁**

检测修理：显示"E6"为通信故障，根据室外机指示灯绿灯能正常闪烁，应重点对室外机控制板通信电路进行排查。相关维修资料如图 4-3 所示。

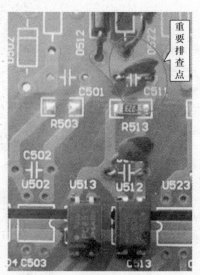

图4-2　电磁四通阀继电器K3相关资料　　　　　　图4-3　电容C511相关资料

故障换修处理。该故障的处理方法如下：

1）首先用万用表的直流电压档测试 J501 对地（散热器）的电压，如果电压恒为高电平（3.3V 左右）或者恒为低电平（0V 左右），则说明为室外机芯片或者通信电路的故障，直接更换室外机控制器。

2）如果用万用表测量的值在 0~3.3V，则需要断电后用万用表测量电容器 C511 两端的电阻值，如果阻值为几百千欧或更大，则室外机控制器没问题，应更换室内机控制器。

3）如果 C504 两端只有几十千欧或者更小，则为 C511 电容器击穿，需将该电容器更换为高压瓷片电容器 103/1kV（编码 3332000130），注意此处不能直接更换普通的瓷片电容器 103，若无此电容器或不具备更换条件，则直接更换室外机控制器。

（四）**机型现象：格力 KFR-50LW/（50569）Ba-3 2P 柜机，开机 5~10min 后自动停机，液晶面板上显示故障代码"E3"，且不能关机，只能关掉电源后再开机又能制冷一段时间后，又显示故障代码"E3"，故障依旧**

检测修理：经查，显示故障代码"E3"是"低压保护"，应重点检测制冷剂的压力是否够 4.5kg、压力开关或压力开关线路是否不良。格力空调器压力开关相关资料见表 4-1。

表 4-1　格力空调压力开关厂家代码与简称对应资料

压力开关	物料编码	厂家简称	厂家代码
	460200151 460200152 460200154 460200157 460200158 ……	常州曼淇威	775106
	46020003 46020011 46020014 460200043 460200044 ……	镇江宏联	775145
	46020001 46020003 46020007 46020011 ……	上海俊乐	775111

　　故障换修处理：先检测制冷剂的压力够不够，若够再检查压力开关和压力开关的线路，测下低压压力开关是否会通，如果会通就把线拔出来测下有没有 220V 电压，如果没有 220V 电压，说明为线路或电脑板故障。

三、学后回顾

　　通过今天的面对面学习，对格力空调器通病和典型故障的维修方法有了直观的了解和熟知，在今后的实际使用和维修中应回顾以下 2 点：

　　1）格力 KFR-50LW/（50569）Ba-3 2P 柜机自动停机显示故障代码"E3"低压保护，若检查制冷剂正常，多数是因压力开关损坏所致。遇到此类故障，直接更换压力开关一般可排除故障。

　　2）格力 2-3P 竹林风、清巧及睡系列变频空调器显示故障代码"E6"，且绿灯正常闪烁是该机的通病。断电后直接用万用表测量电容器 C511 两端的电阻值，如果 C504 两端只有几十千欧或者更小则为 C511 电容器击穿，需将该电容器更换为高压瓷片电容器 103/1kV（编码 3332000130），注意此处不能直接更换普通的瓷片电容器 103，若无此电容器或不具备更换条件，则直接更换室外机控制器。

第 23 天　美的空调器维修实训面对面

一、学习目标

　　今天主要学习美的空调器故障的维修方法，通过今天的学习要达到以下学习目标：

1）了解美的空调器有哪些比较常见的故障。

2）掌握美的空调器常见故障的处理方法，特别是通病和典型故障的维修方法。

3）熟知美的空调器故障的分析和排除方法，以便实际维修中灵活运用，迅速排除故障。今天的重点就是要特别掌握美的空调器常见故障的处理方法，特别是通病和典型故障的维修方法，这是空调器维修中经常要用到的一种基本知识。

二、面对面学

（一）机型现象：美的 **KFR-26/33GW/CBPY** 型变频空调器压缩机不工作，指示灯显示"闪→闪→闪→闪"

检测修理：经查，指示灯显示"闪→闪→闪→闪"为室内、外机通信保护。重点检查通信电路光耦合器 IC5 和 IC6、二极管 D3、稳压管 CW1 和 CW2、R30 等元器件是否正常，相关电路资料如图 4-4 所示。

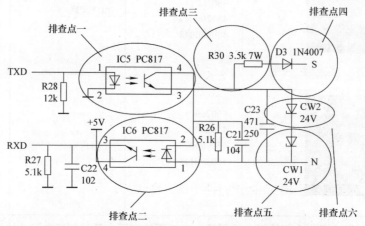

图4-4　美的KFR-26/33GW/CBPY型变频空调器通信电路截图

故障换修处理：更换损坏的元器件即可排除故障。

（二）机型现象：美的 **KFR-32GW/DY-GA（E5）**型空调器不能遥控

检测修理：首先用好的遥控器也不能开机，确定故障在接收板上。打开空调器接收板，测量接收器供电正常 5V，输出端也为 5V。该机遥控接收板如图 4-5 所示，此型号有不能遥控的通病。原因是接收板位于空调器正面出风口上面，长期有潮湿空气对线路腐蚀。

故障换修处理：断开接收头输出引脚的线路，用飞线把输出引脚连到上电脑板的第一根线上（最边上那根线），通电试机，故障排除。

（三）机型现象：美的 **KFR-35GW/BP2DY-M** 型空调器开机后滑动门在轨道内上下运动无法停止，显示故障代码"E9"

检测修理：经查，显示故障代码"E9"为开关门保护。上电开机后，滑动门在轨道内上下运动无法停止，可以初步判定室内电控板有控制电压输出给电动机，且电动机无开路、短路故障，应重点检验光电开关组件是否良好。如图 4-6 所示，将主控板上的光电开关拔掉，分别短接主控板上光电开关插头的①脚（红色）

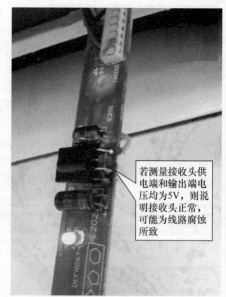

若测量接收头供电端和输出端电压均为5V，则说明接收头正常，可能为线路腐蚀所致

图4-5　美的KFR-32GW/DY-GA（E5）
空调器接收板

与③脚（综色）、②脚（白色）与④脚（黄色），模拟光电开光正常工作状态下反馈的信号通电开机，若整机运行正常，显示屏开关门保护消除，则说明故障有可能在光电开关组件上。

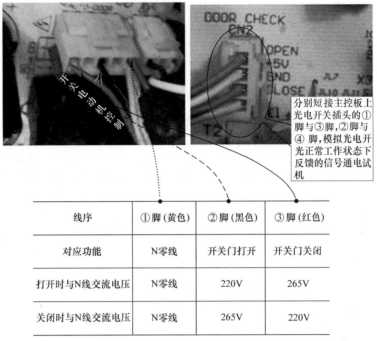

分别短接主控板上光电开关插头的①脚与③脚，②脚与④脚，模拟光电开光正常工作状态下反馈的信号通电试机

线序	①脚（黄色）	②脚（黑色）	③脚（红色）
对应功能	N零线	开关门打开	开关门关闭
打开时与N线交流电压	N零线	220V	265V
关闭时与N线交流电压	N零线	265V	220V

图4-6 美的KFR-35GW/BP2DY-M型空调器光电开关组件相关电路资料

故障换修处理：采用同型号光电开关组件代换，即可排除故障。

（四）机型现象：美的 **KFR-36G/DY-JE（E2）（A）** 型空调器不定时开关机，有时候开一晚上都工作正常，有时候一开机就自动开关机，故障重复

检测修理：该故障应重点检查室内电脑板强制制冷开关 SW1 是否不良，造成漏电所致。相关资料如图4-7 所示。

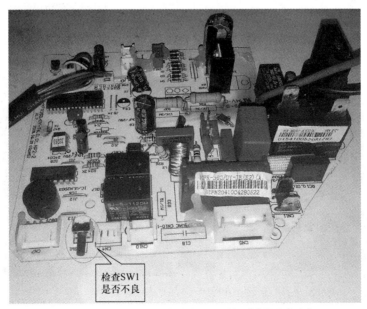

检查SW1是否不良

图4-7 美的KFR-36G/DY-JE（E2）（A）型空调器电脑板

（五）机型现象：美的 **KFR-72LW/BP2DY-E** 型空调器制热效果差，出风温热

检测修理：先观察室外机有无遮挡造成室外机吸热不好，开机试机，观看空调器运转情况，仔细观察空调器前 10min 左右运转正常，运转频率可以达到高频，出风温度大约为 50℃（高频时电压为 220V，电流在额定范围内，基本可以排除是制冷系统和缺制冷剂造成。于是打开室外机，接上美的变频检测仪，小板也不显示故障代码，于是分别观察各项数据是否正常，当观察到室温管 T2 温度为 58℃时，发现温度偏高，因为这时吹出的风是温风，断定 T2 传感器及相关电路有问题。

故障换修处理：打开室内机电控盒，卸下 T2 传感器，测量阻值偏小。更换传感器 T2，试机正常。附上美的空调器室温管温传感器阻值参照表供维修检测代换时参考，见表 4-2。

表 4-2　美的空调器室温管温传感器阻值参照表

温度 /℃	最小值 /kΩ	标称值 /kΩ	最大值 /kΩ
-10	57.1821	62.2756	67.7617
-5	48.1378	46.5725	50.2355
0	32.8812	35.2024	37.6537
5	25.3095	26.8778	28.5176
10	19.6624	20.7184	21.8114
15	15.4099	16.1155	16.8383
20	12.1779	12.6431	13.1144
30	7.67922	7.97078	8.26595
35	6.12564	6.40021	6.68106
40	4.92171	5.17519	5.43683
45	3.98164	4.21263	4.45301
50	3.24228	3.45097	3.66978
55	2.65676	2.84421	3.04214
60	2.18999	2.35774	2.53605

（六）机型现象：美的 **KFR-72LW/BP2DY-E** 型变频空调器不工作，屏幕显示故障代码"P2"

检测修理：经查，该机显示故障代码"P2"为"压缩机顶部温度保护"故障。该机压缩机温度保护如图 4-8 所示，首先拆开室外机顶盖，将压缩机顶部温度保护插头从电控板插座上拔下，将电控顶部温度保护的插座短接，接上变频检测仪，然后上电开机，通过变频检测仪查询，若发现整机运行正常，保护故障代码"P2"消除，则确定故障点在压缩机顶部温度保护上。

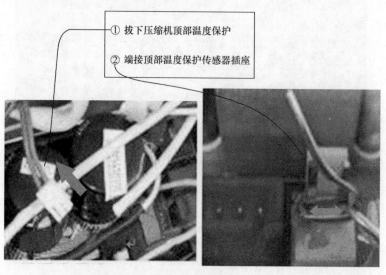

① 拔下压缩机顶部温度保护

② 端接顶部温度保护传感器插座

图 4-8　美的 KFR-72LW/BP2DY-E 型变频空调器压缩机机顶温度保护

故障换修处理：更换压缩机顶部温度保护，空调器上电运行正常。

（七）机型现象：美的 **KFR-72LW/BP2DY-E** 型变频空调器开机频繁显示故障代码 "**P1**"，制冷效果差

检测修理：经查故障代码确定此机显示故障代码 "P1" 是电压过高或过低保护，重点应检查室外主电源供电线路继电器 KY4 是否正常，相关电路资料如图 4-9 所示。可试将接在主继电器的端子接在另外一端，若故障排除；而当恢复此继电器接线端子为正常安装状态试机时，故障再现，则说明故障点是室外机电控板上的主继电器不良。可用万用表测量继电器绕组阻值进一步确认。

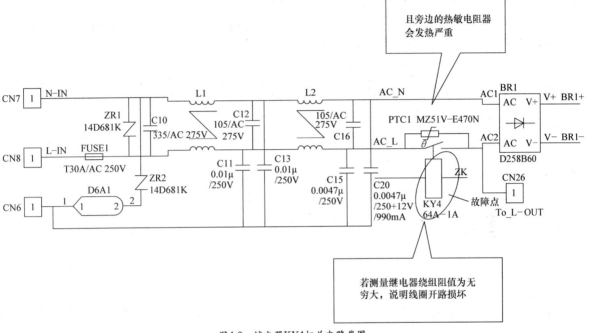

图4-9　继电器KY4相关电路截图

故障换修处理：更换室外主电源供电线路继电器 **KY4**，即可排除故障。

三、学后回顾

通过今天的面对面学习，对美的空调器通病和典型故障的维修方法有了直观的了解和熟知，在今后的实际使用和维修中应回顾以下 2 点：

1）美的 KFR-32GW/DY-GA（E5）型空调器不能遥控故障，多数是因接收板位于空调正面出风口上面，长期有潮湿空气对线路腐蚀所致。处理方法是：断开接收头输出脚的线路，用飞线把输出脚连到上电脑板的第一根线上（最边上那根线）。

2）美的 KFR-72LW/BP2DY-E 型变频空调器不工作，屏幕显示故障代码 "P2"，多数是因压缩机顶部温度保护所致。更换压缩机顶部温度保护即可排除故障。

第24天　海尔空调器维修实训面对面

一、学习目标

今天主要学习格力空调器故障的维修方法，通过今天的学习要达到以下学习目标：

1）了解海尔空调器有哪些比较常见的故障？

2）掌握海尔空调器常见故障的处理方法，特别是通病和典型故障的维修方法。

3）熟知海尔空调器故障的分析和排除方法，以便实际维修中灵活运用，迅速排除故障。今天的重点就是要特别掌握海尔空调器常见故障的处理方法，特别是通病和典型故障的维修方法，这是空调器维修中经常要用到的一种基本知识。

二、面对面学

（一）机型现象：海尔 KFR-23GW/D 型空调器不制冷压缩机不转

检测修理：开机设置为制冷状态，测试室内机线端子上的压缩机控制线和电源 N 线两线之间的交流电压，若没有 AC 220V，说明室内机的电脑板没有输出压缩机工作电压。检查压缩机继电器 RL1 无烧焦状、线圈两端之间无压差，测反相器 IC2 的⑯脚压缩机输出端电压为 +12V 高电平停转值，但①脚压缩机输入端电压为 +5V 高电平运转值，这说明反相器 ULN2003AN 损坏。相关电路资料如图 4-10 所示。

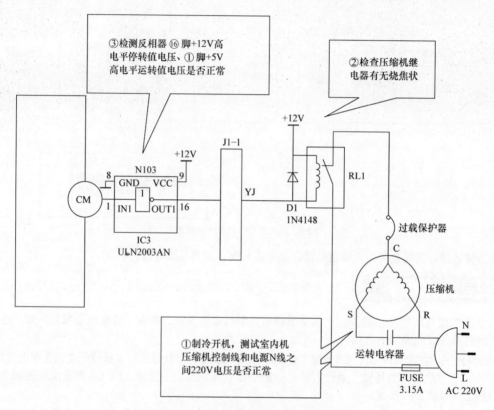

图4-10　反相器ULN2003AN相关电路截图

故障换修处理：换一块同型号的控制板后，空调器恢复正常工作。

（二）机型现象：海尔 KFR-25BP×2 型一拖二变频空调器不能开机，室内机显示"闪→闪→灭"

检测修理：该故障应利用故障代码和自诊断功能进行判断和检修。经查为电流保护所致。重点应检测室外机电流检测电路钳位电位器 VR1（120Ω）是否因碳膜氧化，从而形成电阻开路。该机电流检测电路电位器 VR1 相关资料如图 4-11 所示。

故障换修处理：更换损坏的钳位电位器 VR1 后，故障排除。值得注意的是，更换钳位电位器 VR1 后，应检测电阻 R16 的阻值是否正常；若阻值偏大，频率提不上去，会造成误报"过流故障"；若阻值偏小，又起不到过流保护的作用。

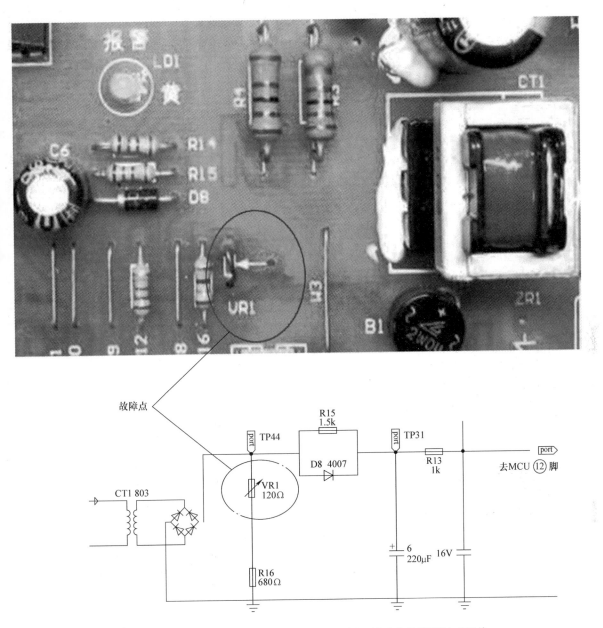

图4-11 海尔KFR-25BP×2型一拖二变频空调器电流检测电路电位器VR1相关资料

（三）机型现象：海尔 KFR-28GW/01B（R2DBPQXF）-S1 型变频空调器完全不工作

检测修理：重点检查主板上 L7805CV 的输入电压 DC 12V 和输出电压 DC 5V 是否正确，该机主板上三端稳压集成电路 L7805 的输入电压正常应为 DC 11~12.5V，输出电压正常应为 DC 4.5~5.5V。若输入电压正常，而无输出，则说明 L7805CV 损坏。相关电路资料如图 4-12 所示。

故障换修处理：换新三端稳压集成电路 L7805CV，即可排除故障。

（四）机型现象：海尔 KFR-32GW/01NHC23A 型变频空调器导风叶步进电动机不工作

检测修理：首先检测电脑板上连接器输出端 DC 12V 是否正常，若输出端 DC 12V 正常，则用万用表电阻档检测步进电动机阻值是否正常，该机为常州雷利步进电动机，其正常阻值为 300Ω，环境温度为 25℃时，测量红线和其他几个接线间的阻值应 ±20%。相关资料如图 4-13 所示。

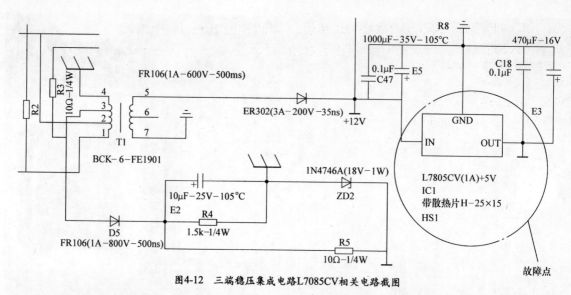

图4-12 三端稳压集成电路L7085CV相关电路截图

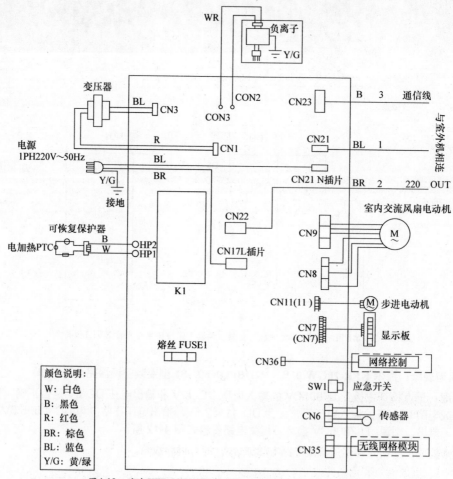

图4-13 海尔KFR-32GW/01NHC23A型变频空调器室内机线路

注：虚线框内为预留功能。

故障换修处理：若测得步进电动机短路、断路或与规定阻值相差较大，则采用同型号常州雷利步进电动机代换即可。

（五）机型现象：海尔 KFR-32GW/01NHC23A 型变频空调器室外风扇电动机不工作

检测修理：应重点检测室外电动机各个接线端之间的绕组阻值是否正常，该机为章丘室外电动机，其绕组冷态阻值（容差：±7%，20℃）：一次绕组 310（1±10%）Ω、二次绕组 193（1±10%）Ω。相关资料如图 4-14 所示。

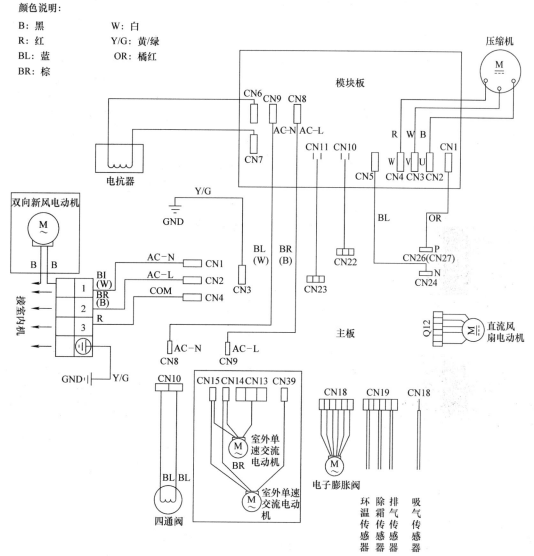

图4-14　海尔KFR-32GW/01NHC23A型变频空调器室外机线路图
注：虚线部分表示选配器件

故障换修处理：若测得室外电动机绕组短路、断路或与规定阻值相差较大，则采用同型号章丘海尔专用室外电动机代换即可。

（六）机型现象：海尔 KFR-50LW/BP 型变频空调器开机无反应，电源灯连续闪 7 次

检测修理：该故障应利用故障代码和自诊断功能法进行判断和检修。经查故障显示内容为通信回路故障，表明通信回路中某一处出现断路。重点检查室内通信电路光耦合器 TLP741 内部是否断路。该机室内通信电路部分截图如图 4-15 所示。

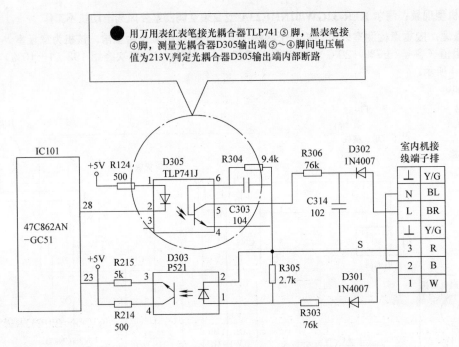

图4-15　室内通信电路光耦合器TLP741相关电路截图

故障换修处理：更换光耦合器 TLP741 后试机，空调器恢复正常。

（七）机型现象：海尔 KFR-50LW/BP 型变频空调器开机整机不工作，电源指示灯连续闪烁 7 次

检测修理：根据故障代码查找相关资料，确定为通信故障。该机通信电路相关截图如图 4-16 所示，正常工作时，室内机微处理器（47C862AN-GC51）的㉘脚输出一个信号经光耦合器 D305 传送给接线柱 N、S，然后再经过导线送给室外机。同样室外机也有一个信号经接线柱 S、B 及光耦合器 D303 传送到微处理器的㉓脚。首先，测微处理器的㉘脚电压为 2.6V（正常），D305 的①脚电压为 3.7V（正常），D305 的⑤脚电压为 110V（不正常），④脚电压为 0.4V（不正常），怀疑 D305（TLP741J）中的光敏晶体管损坏。

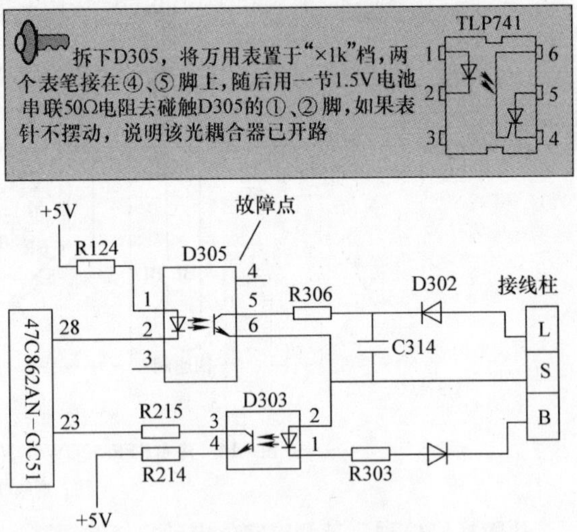

故障换修处理：更换 D305 后故障排除。

（八）机型现象：海尔 KFR-50LW/BP 型变频空调器通电后室内机风扇电动机高速转动，风速失控

检测修理：重点检查控制电路反相驱动器 IC2（TDG200AP）及外围元器件是否存在故障。实际中反相驱动器 TDG200AP 损坏较多见。该机控制电路反相器 TDG200AP 相关电路截图如图 4-17 所示。

故障换修处理：换新反相驱动器 TDG200AP，即可排除故障。

拆下D305，将万用表置于"×1k"档，两个表笔接在④、⑤脚上，随后用一节1.5V电池串联50Ω电阻去碰触D305的①、②脚，如果表针不摆动，说明该光耦合器已开路

图4-16　D305相关电路截图

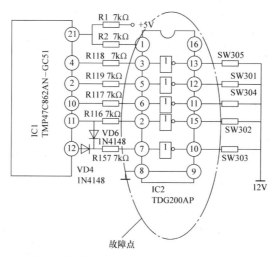

图4-17　控制电路反相器TDG200AP相关电路截图

（九）机型现象：海尔 KFR-50LW/BP 型变频空调器用遥控器开机后整机无任何反应

检修要点：重点排查电源电路 Z301 压敏电阻器（561kΩ）是否击穿短路、熔丝 FU300（250V/25A）是否熔断、电源变压器一次绕组是否开路。该机电源电路相关电路截图如图 4-18 所示。

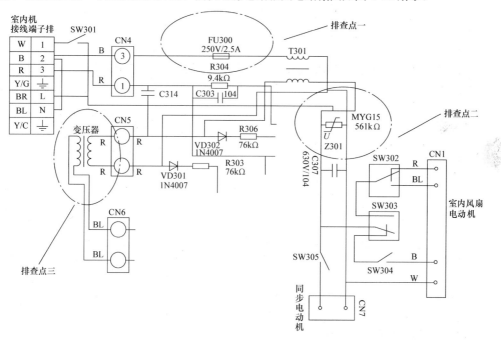

图4-18　海尔KFR-50LW/BP型变频空调器电源电路相关截图

故障换修处理：更换损坏的元器件，即可排除故障。

（十）机型现象：海尔 KFR-50LW/R（DBPQXF）型变频空调器显示故障代码"E7"

检测修理：该故障应利用故障代码和自诊断功能法进行判断和检修，经查显示故障代码"E7"为室外热交传感器故障。将传感器从电脑板 CN10 接口上拔下，然后用万用表测试两根引出线间的电阻值，同时测量感温传感器处温度。对比传感器规格书要求，判断传感器是否损坏。若传感器性能正常，则进一步检测 E8 电容器、R37、R25 电阻器是否损坏。该机 CN10 接口相关电路截图如图 4-19 所示。

图4-19　CN10接口相关电路

故障换修处理：更换损坏的元器件，即可排除故障。

三、学后回顾

通过今天的面对面学习，对海尔空调器通病和典型故障的维修方法有了直观的了解和熟知，在今后的实际使用和维修中应回顾以下3点：

1）海尔 KFR-50LW/R（DBPQXF）型变频空调器显示故障代码"E7"，多因 CN10 接口除霜传感器，E8 电容器，R37、R25 电阻器几处元器件任意存在故障所致。该故障的检修方法同样可适用于海尔 KFR-60 LW/R（DBPQXF）、KFR-72LW/R（DBPQXF）机型。

2）海尔 KFR-28GW/01B（R2DBPQXF）-S1 型变频空调器完全不工作，多是因为主板上的三端稳压集成电路 L7805CV 损坏所致。L7805CV 是正 5V 三端稳压器，一般的 78L05、78M05、LT7805 都可以直接代换。

3）海尔 KFR-23GW/D 型空调器出现不制冷、压缩机不转故障，多是因为压缩机控制电路反相器 UL2003 损坏所致；而海尔 KFR-50LW/BP 型变频空调器通电后室内机风扇电动机高速转动，风速失控，应重点检查控制电路反相驱动器 IC2（TDG200AP）是否损坏；换新相应的反相驱动器，即可排除故障。

第25天　海信空调器维修实训面对面

一、学习目标

今天主要学习海信空调器故障的维修方法，通过今天的学习要达到以下学习目标：

1）了解海信空调器有哪些比较常见的故障？

2）掌握海信空调器常见故障的处理方法，特别是通病和典型故障的维修方法。

3）熟知海信空调器故障的分析和排除方法，以便在实际维修中灵活运用，迅速排除故障。今天的重点就是要特别掌握海信空调器常见故障的处理方法，特别是通病和典型故障的维修方法，这是空调器维修中经常要用到的一种基本知识。

二、面对面学

（一）机型现象：海信 35/27FZBHJ 型变频空调器不制热，室外机风扇电动机压缩机都不转，室内机更是没有反应。遥控开机，按遥控高效键 4 次，室内机显示"00"，无故障代码显示

检测修理：如图 4-20 所示，沿室外机的光耦合器连线往 CPU 方向查找，发现从贴片电阻器 R17 至 CPU ⑮ 脚不通，R07 到 ⑰ 脚畅通无阻。延途查找，发现印制电路板连线中焊接着两个 0Ω 的贴片电阻器，其中的一个已经开路。

故障换修处理：将开路的 0Ω 贴片电阻器用导线焊接直通，上电试机，风扇电动机起动，3 灯同时闪烁，压缩机也跟着起动且正常升频，手摸三通阀慢慢发热，室内热风强劲，故障排除。

该机通信的发送和接收通路是分别通往CPU的⑮和⑰脚

该0Ω电阻器开路

图4-20　0Ω的贴片电阻器相关电路截图

（二）**机型现象**：海信 **KFR-2608GW/BP** 型交流变频空调器不制冷，室外风扇电动机和压缩机都不转，室外机主板指示灯亮，模块指示灯连续闪烁 **12** 次

检测修理：经查，模块指示灯连续闪烁 12 次为功率模块故障。卸下功率模块，发现模块保护电路电阻器 R1（5.1kΩ）开路，相关资料如图 4-21 所示。

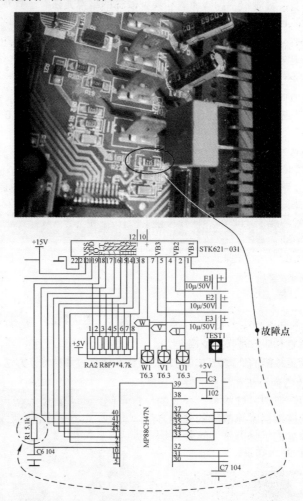

图4-21　海信KFR-2608GW/BP型交流变频空调器功率模块保护电路相关资料

故障换修处理：可用同规格色环电阻器代换，即可排除故障。

（三）**机型现象**：海信 **KFR-2619G/BPR** 型变频空调器制冷时，室内机风扇正常运转，能听到继电器吸合的声音，但室外机无任何反应

检测修理：连续按遥控器上"传感器切换"键两次，电源灯和运行灯亮，对照故障代码是"通信故障"。拆机，重点检测室外机通信电路电阻器 R16（4.7k/1W）和光耦合器 PC03 是否损坏。相关电路资料如图 4-22 所示。

故障换修处理：更换损坏的元器件即可排除故障。

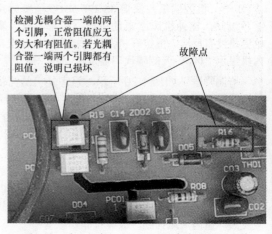

检测光耦合器一端的两个引脚，正常阻值应无穷大和有阻值。若光耦合器一端两个引脚都有阻值，说明已损坏

故障点

图4-22　通信电路电阻器R16和光耦合器PC03资料

（四）**机型现象：海信 KFR-26W/36FZBPC 型变频空调器室内、外风扇电动机运转正常，但压缩机不转，同时控制板上的 3 个故障灯显示"闪→灭→闪"**

检测修理：根据故障指示灯显示代码，经查为"直流压缩机失步"，可采用给电路外加 +5、+15V 电源的方法来逐一测量各个单元的监测点电压来判断故障点。重点检测直流电流检测电路输出电阻器 R60 上电压是否正常（正常值应为 2.4V），实测为 R60 开路，导致 LM358 的①脚电压异常所致。相关资料如图 4-23 所示。

故障换修处理：用一个普通的色环电阻器代换 R60 后，开机压缩机起动，空调器恢复正常。如图 4-24 所示，为驱动模块部分检测点实测正常电压值，供维修检测时参考。

（五）**机型现象：海信 KFR-28GW/BP 型变频空调器室内机运行正常，室外风扇电动机运行，但压缩机始终不工作，空调器不制冷**

检测修理：首先用 VC301 示波表 DC 档，测压缩机功率模块上的 P、N 两端有 300 V 的直流电压，说明整流电路已给功率模块提供了压缩机的工作电源。然后，将 VC301 示波表置于 AC 档，测功率模块的 U、V、W 三端电压为 0V，说明功率模块没有输出压缩机的工作电压。接下来，将 VC301 示波表置于波形显示状态，测功率模块的输入端有 10~120 Hz 变化的波形，室外机电脑板已输出了压缩机转动脉冲，说明功率模块有可能已损坏。相关资料如图 4-25 所示。

故障换修处理：采用同型号功率模块代换后，压缩机恢复运转，故障排除。

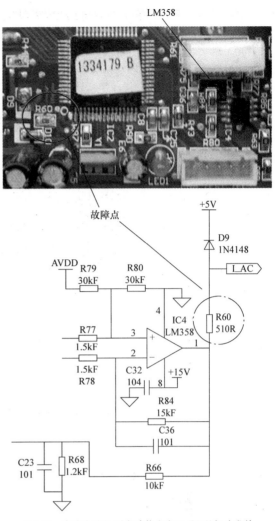

图4-23 直流电流检测电路输出电阻器R60相关资料

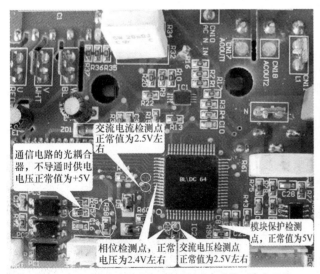

图4-24 海信直流变频空调器驱动模块部分检测点电压值

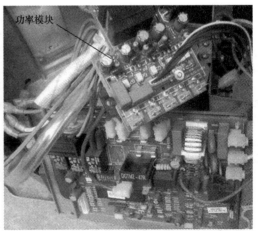

图4-25 海信KFR-28GW/BP型变频空调器功率模块

（六）机型现象：海信 KFR-3601GW/BP 型空调器不制冷，室外机不起动

检测修理：首先通电开机，观察室外机故障指示灯不亮。打开室外机壳，测量 +280V 电源正常，测压缩机的三端子之间无电压。测室外机电脑板上的 LM7805 的③脚无 +5V 电压，①脚也无 12V 电压输入，再测电源的其他输出端也无电压，这说明开关电源没有振荡，故障应发生在开关变压器左侧。检查起动电阻器 R13、R14，结果为 R13 开路。相关电路资料如图 4-26 所示。

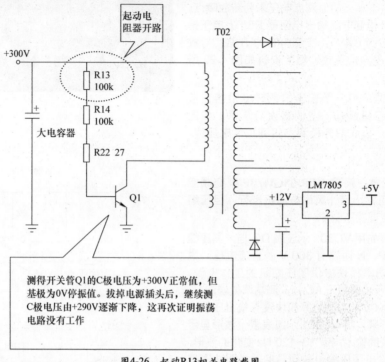

图4-26 起动R13相关电路截图

故障换修处理：更换 R13 后，故障排除。

（七）机型现象：海信 KFR-50/99BP 型空调器室内机运转正常，但无冷气吹出，且室外机风扇转动压缩机不工作

检测修理：该故障应重点检测电流检测电路电阻器 R11 是否开路，该机电流检测电路相关资料如图 4-27 所示。

故障换修处理：换新电流检测电阻器 R11，并对电路板进行清理处理后，恢复空调器试机，故障排除。

（八）机型现象：海信 KFR-50LW/97FZBP 型变频空调器开机室内机有风，室外机风扇电动机也转动，但压缩机不工作，空调器不制冷

检测修理：首先拆开室外机，观察主板的 3 个指示灯闪烁为"闪→灭→闪"，含义为"直流压缩机失步"。卸下模块，用 15V 和 5V 直流电源加电测试重要检测点电压。

故障换修处理：该机故障为模块自举电路贴片电阻器 R28（20Ω）开路所致。用 20Ω 的色环电阻器代换，装机后故障灯不再闪烁，制冷正常，故障排除。相关资料如图 4-28 所示。

（九）机型现象：海信 KFR-50W/39BP 型变频空调器压缩机自动停机，风扇电动机转

检测修理：经查看，代码灯 LED1、LED2、LED3 显示状态为"亮→闪→灭"，是电流过载保护，重点应检查电流检测电路，如图 4-29 所示。断电，用万用表的欧姆档测量采样电阻器 R5、R1、R56 是否开路，经测 R1、R5 阻值正常，R56 开路。

电流检测电路用来检测压缩机的电流，当电流异常时用来保护压缩机防止损坏。该电路工作原理是由R1、R56取样，由于压缩机工作电流较大，会在R1、R56两端形成电压降，该电压经电阻器R5、R11送至IM358③脚，再由LM358放大后由①脚输出，压缩机电流越大，①脚输出的电压就越高，二级管D5是钳位作用，①脚输出的电压经R14送至CPU的⑱脚

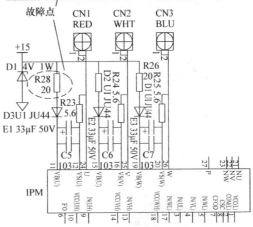

图4-27 R11相关电路截图

图4-28 模块自举电路电阻器R28相关电路资料

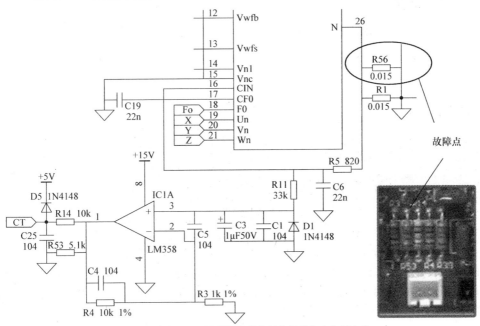

图4-29 海信KFR-50W/39BP型变频空调器电流检测电路

故障换修处理：更换电阻器 R56 故障排除。

三、学后回顾

通过今天的面对面学习，对海信空调器的通病和典型故障的维修方法都有了直观的了解和熟知，在今后的实际使用和维修中应回顾以下 3 点：

1）海信空调器的电流检测电路的原理和构架基本相同，而且工作环境恶劣故障率较高，特别是两个取样电阻器损坏的比较多。检修时应重点对该电路各阻容元件进行排查。

2）海信的直流变频空调器很多都采用了驱动模块集成电路，上面集成了驱动芯片、IPM、整流和 PFC 电路。该模块一旦出了问题，会造成室内、外风扇电动机运行正常，但压缩机不起动故障，同时控制板上的 3 个故障灯显示"闪→灭→闪"，故障代码为"直流压缩机失步"，或称"BL\DC64 驱动"故障。凡是集成电路检测到异常都会报"失步"。造成"失步"故障的原因主要有如下 6 个方面：

① 与主板的通信故障；

② 交流电压和电流检测存在故障；

③ PWM 初始化错误；

④ 自举升压电路存在故障；

⑤ 相位检测电路存在故障；

⑥ 直流电压检测故障。

检修此类故障，在没有专用的检测工装的情况下，只能是以给电路外加 +5、+15V 电源的方法来逐一测量各个单元的监测点电压来判断故障点。

3）海信变频空调器出现不制冷、室外机不起动故障，说明室外机电脑板没有工作，应重点检查 CPU 工作条件及通信电路。实际多因起动电阻器开路导致振荡电路没有工作所致，更换损坏的起动电阻器即可排除故障。

第26天　TCL空调器维修实训面对面

一、学习目标

今天主要学习 TCL 空调器故障的维修方法，通过今天的学习要达到以下学习目标：

1）了解 TCL 空调器有哪些比较常见的故障？

2）掌握 TCL 空调器常见故障的处理方法，特别是通病和典型故障的维修方法。

3）熟知 TCL 空调器故障的分析和排除方法，以便实际维修中灵活运用，迅速排除故障。今天的重点就是要特别掌握 TCL 空调器常见故障的处理方法，特别是通病和典型故障的维修方法，这是空调器维修中经常要用到的一种基本知识。

二、面对面学

（一）机型现象：**TCL FFRD-32GW/D 型空调器开机制冷不工作，调到制热能正常工作**

检测修理：该故障首先检查感温传感器是否不良，若感温传感器正常，则说明电脑板存在故障。该机电脑板如图 4-30 所示。

故障换修处理：代换相同型号电脑板，即可排除故障。

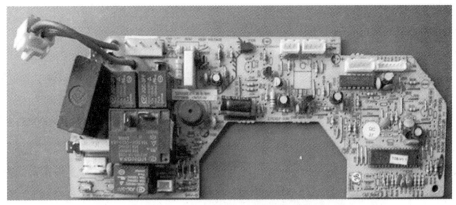

图4-30　TCL FFRD-32GW/D型空调器电脑板

（二）机型现象：TCL KFR-32G/B12P388PGM 型空调器有时候可以开机，有时候连电源灯都不亮

检测修理：首先检查线路均接触良好，检测 220V 和 5V 供电也正常。通过分析，上电没有听到"滴"的复位声音，怀疑 CPU S3P9428XZZ-AV88 存在问题，经查②、④脚振荡测量只有 1.21 V 和 1.53V（正常应有 2.36 V 和 2.47 V），电压不正常，说明晶体振荡器不良。该机电脑板编号为 CH0011，如图 4-31 所示。

故障换修处理：代换 4MHz 晶体振荡器，安装好后试机，故障排除。

（三）机型现象：TCL KFRD-26GW/CQ33BP 型变频空调器工作过程中显示故障代码"P8"

检测修理：经查故障代码，显示"P8"是室外温度过高、过低保护。用万用表测量室外回风温度传感器是否发生漂移、开路、短路。正常情况下传感器（CN1）两端电阻应为 25℃ /5kΩ。该机室外回风温度传感器如图 4-32 所示。

图4-31　CH0011电脑板

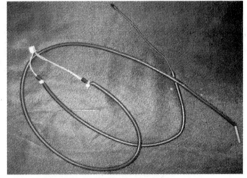

图4-32　TCL KFRD-26GW/CQ33BP型
变频空调器室外回风温度传感器

故障换修处理：换新室外回风温度传感器，即可排除故障。

（四）机型现象：TCL KFRD-26GW/CQ33BP 型变频空调器开机显示故障代码"E0"

检测修理：更换室内机板，室外机电控盒均未能修复，经检查整流器有 310V 输出，室外机电控板无电压，测电抗器阻值无穷大，怀疑电抗器断路，拆下电抗器发现接线端子焊点打火烧断。相关维修资料如图 4-33 所示。

故障换修处理：更换新电抗器，空调器正常。

故障点

图4-33　电抗器接线端子焊点打火烧断

（五）机型现象：TCL KFRD-26GW/CQ33BP 型变频空调器开机显示故障代码"E1"

检测修理：该故障应利用故障代码和自诊断功能进行判断和检修。经查显示故障代码"E1"是室内环境温度传感器故障。首先检查室内温度传感器 CN6（RT、IPT）与插槽接触情况，如果松动，重新接插。如果 CN6 与插槽接触良好，则测量室内温度传感器两端电阻器阻值（正常应为 25℃ /5kΩ）。相关维修资料如图 4-34 所示。

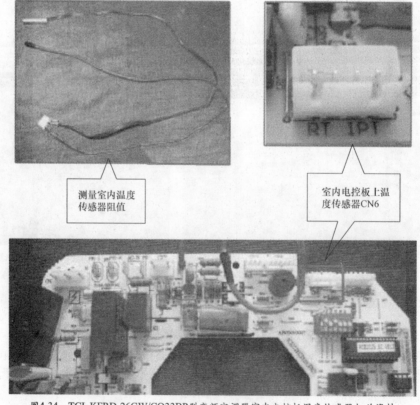

测量室内温度
传感器阻值

室内电控板上温
度传感器CN6

图4-34　TCL KFRD-26GW/CQ33BP型变频空调器室内电控板温度传感器相关资料

故障换修处理：如果温度传感器电阻值异常，应更换温度传感器；如果以上检测均正常，则换室内控制板。温度传感器本身故障主要表现为电阻值发生漂移、开路、短路等。

（六）机型现象：**TCL KFRD-26GW/CQ33BP 型变频空调器开机显示故障代码"E3"**

检测修理：经查，显示故障代码"E3"为室外环境温度传感器故障，重点检测室外电源板温度传感器与插槽（CN1、CN2）接触情况。相关资料如图 4-35 所示。

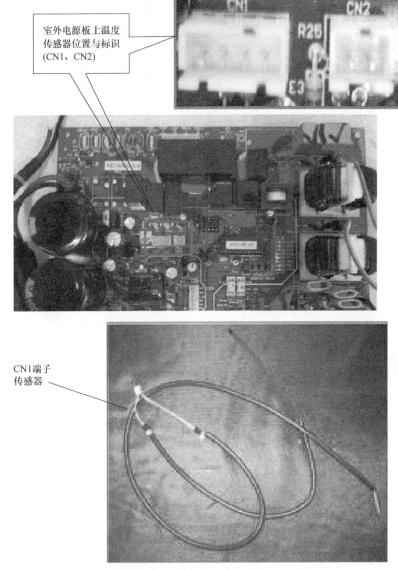

图4-35　室外电源板温度传感器资料

故障换修处理：如果室外电源板温度传感器与插槽松动，重新接插。如果插接好后故障依旧，则测量室外环境温度传感器 CN1 端子传感器阻值（正常时应为 25℃ / 5kΩ）。

（七）机型现象：**TCL KFRD-26GW/CQ33BP 型变频空调器开机显示故障代码"EE"**

检测修理：经查，显示故障代码"EE"是 EEPROM 故障，应重点检查室内、室外 EEPROM 是否正常。该机 EEPROM 在室外电源板、室内控制板电路中的位置如图 4-36 所示。

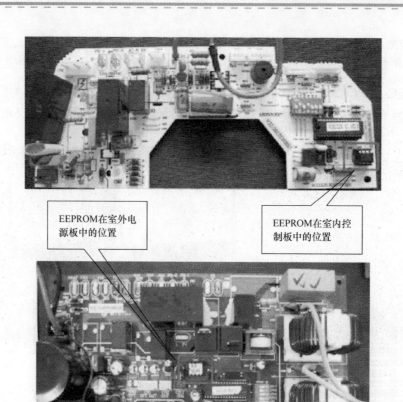

EEPROM在室外电源板中的位置

EEPROM在室内控制板中的位置

图4-36　EEPROM在室外电源板、室内控制板电路中的位置

　　故障换修处理：首先查看室外 EEPROM 的安装情况，是否有松动或安装不良，重新固定后，断电重新上电。若故障仍存在，则查看室内电控板上 EEPROM 的安装情况，是否有松动或安装不良。

　　（八）机型现象：**TCL KFRD-26GW/CQ33BP 型变频空调器显示故障代码"EA"**

　　检测修理：经查故障代码是电流传感器故障。首先应检查系统是否缺冷媒，检查是否有冷媒泄漏，若冷媒正常，则检查四通阀换向是否正常。相关维修资料如图 4-37 所示。

四通阀

图4-37　TCL KFRD-26GW/CQ33BP型变频空调器四通阀

　　故障换修处理：经查为四通阀线圈损坏所致，换新四通阀后故障排除。

（九）机型现象：**TCL KFRD-35GW/DJ12BP 型变频空调器显示故障代码"EP"**

检测修理：经查故障代码是压缩机顶部温度开关故障。先检查室外电源板上压缩机顶部温度开关连接线接插部位 CN10 是否接插良好（无压缩机顶部开关机型检查是否有跳线短接）。检查压缩机温度，如果温度确实很高并伴随异味，则检查压缩机连线 U、V、W 接线是否正确（包括连接压缩机接线部分）；系统冷媒不足或冷媒过量；室外机通风是否良好。相关维修资料如图 4-38 所示。

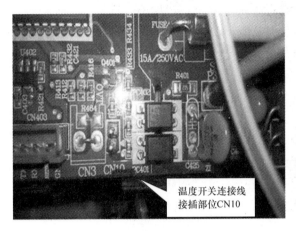
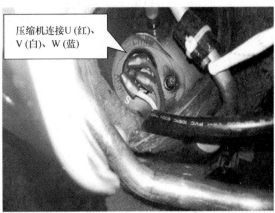

图4-38　接插部件CN及压缩机连线

故障换修处理：如果压缩机温度不高，则短接 CN10，查看故障是否解除，如果故障解除，则为壳顶温度开关自身损坏，更换新器件；如果故障仍存在，更换室外电源板。

（十）机型现象：**TCL KFRD-52LW/G 型空调器开机报警显示故障代码"E2"**

检测修理：经查对照故障代码，"E2"是室内管温的热敏电阻器短路或断路，将这个电阻器拆下来，测量电阻器只有 100 多 Ω，说明已损坏。相关资料如图 4-39 所示。

故障换修处理：更换 5kΩ 的热敏电阻器，即可排除故障。

（十一）机型现象：**TCL 王牌 KF-25GW/JK2 型空调器工作几分钟内风扇停，运转灯闪烁**

检测修理：这是 CPU 检测某项信息异常实施了保护性停机。故障重现后，观察室外机仍正常运转，说明问题不是温度传感器引起的，运转灯闪烁可能是报警室内机风扇故障。经查为室内机风扇电动机不良。

故障换修处理：采用如图 4-40 所示 T264F19KK 4P 19W 风扇电动机代换后，故障排除。

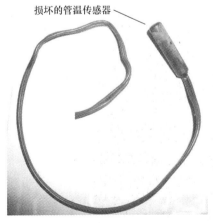

图 4-39　TCL KFRD-52LW/G 型
空调器室内管温传感器

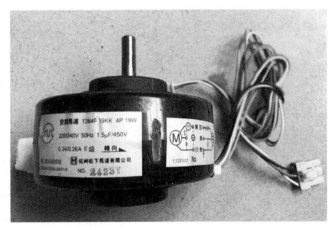

图 4-40　T264F19KK 4P 19W 风扇电动机

（十二）机型现象：TCL 王牌 KFR-120LW/S 型空调器不制冷室外机不转，风扇电动机转几分钟停

检测修理：该机据有系统异常保护功能，当电脑板确认开机几分钟后，室温与内盘温差小于 5℃，就会判断制冷系统没有正常工作实现停机保护。经查为室外机的断路器 L2 已烧焦，造成断相。

故障换修处理：更换室外机的断路器 L2 后，故障排除。

（十三）机型现象：TCL 王牌 KFR-26GW 型空调器制冷 5min 停机

检测修理：观察室外热交换器不脏，但室外机风扇不运转。测室外机接线板的室外机风扇供电端 2 对 N 脚电压，无 AC 220V。但测室内机接线板的②脚对 N 脚有 AC 220V，经查室内机的室外机风扇控制线插件接触不良。相关资料如图 4-41 所示。

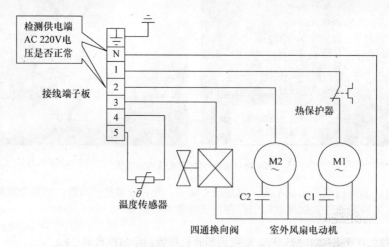

图4-41　TCL王牌KFR-26GW型空调器室内机接线板相关电路截图

故障换修处理：修复室内机的室外机风扇控制线插件接，重新插好，故障排除。

（十四）机型现象：TCL 王牌 KFR-60LW/EY 型空调器无规律断电停机

检测修理：试机工作 30min 左右停机，显示消失，遥控和面板按键均不起作用。检查 IC1 CPU 的工作条件，包括⑤脚对㉒脚的 +5V 电源，⑲和⑳脚外接晶体振荡器 X1，㉑脚外接复位和时基脉冲产生器件，经查是 NE555 时基集成电路损坏。相关电路截图如图 4-42 所示。

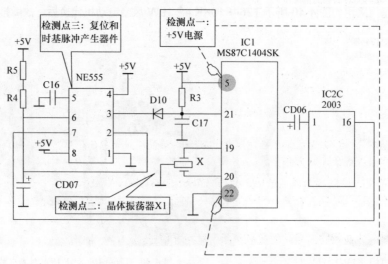

图4-42　NE555时基集成电路相关电路截图

故障换修处理：换新 NE555 时基集成电路后，故障排除。

三、学后回顾

通过今天的面对面学习，对 TCL 空调器通病和典型故障都有了直观的了解和熟知，在今后的实际使用和维修中应回顾以下 3 点：

1）TCL 空调器有时候可以开机，有时候连电源灯都不亮，开机也听不到"滴"的复位声，该故障是 TCL 空调器的通病。在检测 220V 和 5V 电源正常的情况下，一般多为 4MHz 晶体振荡器不良所致。代换 4MHz 晶体振荡器即可排除故障。

2）TCL 空调器温度传感器不良，出现的故障在实际维修中比较多见，根据空调器型号的不同，故障表现为制冷不工作，调到制热能正常工作；开机报警显示故障代码"E2"或"E3"；工作过程中显示故障代码"P8"。检修此类故障，应重点检查管温热敏电阻器，室外环境传感器，室内、室外 EEPROM 是否正常，通过测量热敏电阻器阻值，重新安装好室内、室外 EEPROM，一般能排除故障。

3）TCL 空调器出现无规律断电停机故障，是电脑板工作不稳定的典型表现，应重点检查电脑板上的 CPU 及工作条件，特别是复位和时基脉冲产生器件 NE555 时基集成电路容易损坏。换新 NE555 时基集成电路，即可排除故障。

第27天　大金空调器维修实训面对面

一、学习目标

今天主要学习大金空调器故障的维修方法，通过今天的学习要达到以下学习目标：

1）了解大金空调器有哪些比较常见的故障？

2）掌握大金空调器常见故障的处理方法，特别是通病和典型故障的维修方法。

3）熟知大金空调器故障的分析和排除方法，以便在实际维修中灵活运用，迅速排除故障。今天的重点就是要特别掌握大金空调器常见故障的处理方法，特别是通病和典型故障的维修方法，这是空调器维修中经常要用到的一种基本知识。

二、面对面学

（一）**机型现象：大金 KFR-35GW 型交流变频空调器制热起动后几分钟即停，面板绿灯闪烁，室外机不开机**

检测修理：经查故障代码，是室内、外机通信故障，检查线路连接良好，强行制冷正常。手握室外冷凝器传感器可以起动制热，于是打开室外机，测传感器阻值偏大，怀疑传感器不良。

故障换修处理：采用如图 4-43 所示阻值小的大金传感器（15/20kΩ，25℃时）代换，均正常运行。

（二）**机型现象：大金 KFR-35G/BP 型风灵系列空调器开机只有室内机运行绿灯一直闪烁，室外机也没任何反应，按遥控器键查故障代码是"U4"**

检测修理：经查故障代码为通信故障，打开室外机壳，发现 4 个红指示灯和一个绿指示灯都不亮，但测量到室外机的整流 370V 输出正常，说明室外机变频板存在故障。该机室外机变频板号是 2P087379-2，如图 4-44 所示。

故障换修处理：代换相同型号室外机变频板，即可排除故障。

室外机变频板

图4-43　大金空调器室外机传感器　　　　图4-44　室外机变频板2P087379-2

（三）机型现象：大金 **KFR-35G/BP** 型变频空调器室内机工作正常，室外机不工作

检测修理：通电察看室外机绿色指示灯闪烁情况，若在连续的时间段闪烁 9 次后快闪 1 次，则表示电子膨胀阀故障。也可短接单独起动室外机，若听不到电子膨胀阀复位声音，则说明电子膨胀阀部分有故障。卸下电子膨胀阀，用万用表检测其线圈阻值进一步确认。

故障换修处理：该机可采用如图 4-45 所示规格电子膨胀阀代换。

（四）机型现象：大金 **KFR-71W/BP** 型空调器室外机发出很大响声，室内、外机运转正常，但不制冷，**且显示故障代码"E7"**

检测修理：经检测该机升频很快，电流 2~3min 就升到 5~6A，然后就保护，压缩机运行很响，感觉像失控，高速运转。怀疑压缩机不良，造成高频保护所致。相关资料如图 4-46 所示。

卸下的压缩机

变频板

图 4-45　大金 KFR-35G/BP 型　　　　　图 4-46　大金 KFR-71W/BP 型空调器维修资料
　　　变频空调器电子膨胀阀

故障换修处理：采用相同型号压缩机代换后，升频变慢，电流开机 5~6min 才慢慢升，室外机声音消除，制冷也正常，故障排除。

（五）机型现象：大金 **FTXD35DV2CW/RXD35DV2C** 型变频空调器无法开机，且绿灯不停闪烁

检测修理：首先通电查看室外机故障指示灯状况，若指示灯全不亮，则说明故障可能是在开关电源部

分。重点检测开关电源熔丝电阻器是否开路，16V、220μF反馈滤波电容器是否不良。相关资料如图4-47所示。

故障换修处理：16V、220μF反馈滤波电容器用万用表一般难以确定其是否损坏，可采用相近参数的电容器代换来加以判定。

（六）**机型现象**：大金VRV Ⅲ RXYQ8-48PY1C型变频空调器不开机，遥控器显示故障代码"L4"

检测修理：经查，显示故障代码"L4"为变频器散热翅片温度上升故障。首先关闭电源，检查压缩机变频器的翅片是否脏污、风扇叶轮是否损坏等，从而造成温度过高。若变频器的翅片正常，风扇叶轮也正常，则拆下翅片，检查热敏电阻器（接插件"X111A"）是否不良。相关资料如图4-48所示。

故障换修处理：重新插好接插件"X111A"，若故障不变，则检测热敏电阻器阻值是否正常，若阻值异常，则更换热敏电阻器。

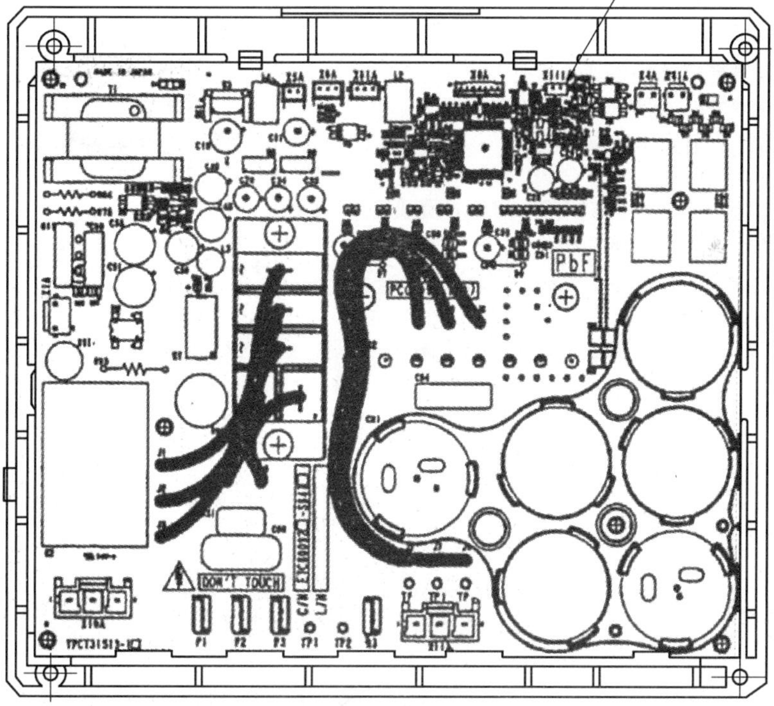

故障点

图4-47 16V、220μF反馈滤波电容器

XⅢA：EH插接件（白色）

图4-48 大金VRV Ⅲ RXYQ8-48PY1C型变频空调器压缩机用变频器电脑板

（七）**机型现象**：大金 VRV Ⅲ RXYQ8-48PY1C 型变频空调器不工作，遥控器显示故障代码"LC"

检测修理：经查，显示故障代码"LC"为变频器和控制电脑板之间的传送故障。重点检查2AP的滤噪器F400U是否熔断。相关资料如图4-49所示。

故障换修处理：换新滤噪器F400U，即可排除故障。

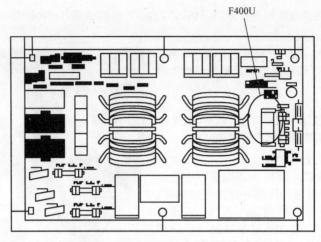

图 4-49　滤噪器 F400U 在 PC 板的位置

（八）机型现象：大金 VRV Ⅲ RXYQ8-48PY1C 型变频空调器无法开机，遥控器显示故障代码"H7"

检测修理：经查故障代码，遥控器显示"H7"为室外机风扇电动机信号异常故障。关闭电源，重点检查风扇电动机导线接插件 Vcc-UVW 和 GND-UVW 间的电阻值是否相等。相关资料如图 4-50 所示。

故障换修处理：若风扇电动机导线接插件 Vcc-UVW 和 GND-UVW 间的电阻值相等，则更换电动机变频器电脑板（A3P）；若电阻值不相等，则更换风扇电动机。

（九）机型现象：大金 VRV Ⅲ RXYQ8-48PY1C 型变频空调器不制冷，遥控器显示故障代码"JR"

检测修理：经查故障代码，"JR"为高压传感器故障。重点测量室外机电脑板（A1P）上的 X32A 引脚①和③之间的电压和线间直流电压的关系是否正常。相关资料如图 4-51、图 4-52 所示。

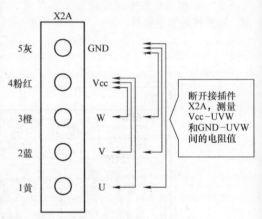

图4-50　接插件X2A相关资料

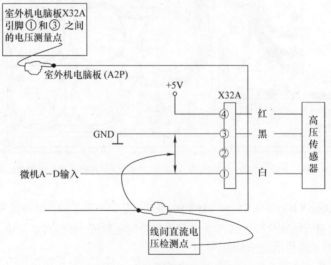

图4-51　高压传感器电压检测点

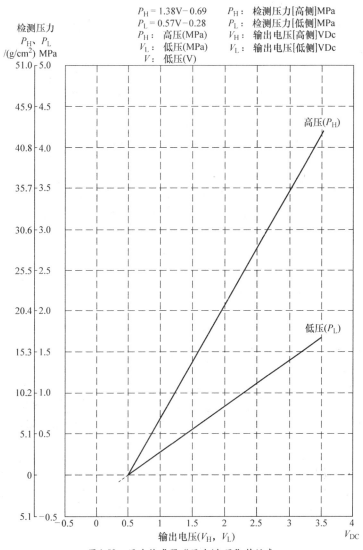

图4-52　压力传感器"压力/电压"特性表

故障换修处理：若测得电压异常，则说明高压传感器损坏，换新即可排除故障。

三、学后回顾

1）大金 KFR-35G/BP 型变频空调器电子膨胀阀比较容易损坏，造成室内机工作正常，室外机不工作。用遥控器搜索不到故障代码，应通电察看室外机绿色指示灯闪烁情况，若在连续的时间段闪烁 9 次后快闪 1 次，则表示电子膨胀阀故障。

2）大金空调器开机显示故障代码"U4"，是通信故障，在维修大金变频空调器中故障率最频繁。在排除光耦合器和限流电阻正常，通信连接线正常后，多为室外机变频板存在问题，一般通过代换室外机变频板来排除故障。

3）大金大 3 匹变频空调器出现室外机发出很大响声，检测电流升频很快，空调器出现高频保护故障，此时显示故障代码"E7"。此类故障出现得比较常见，多数情况下是因压缩机不良所致，排除方法是换新压缩机即可。

4）大金 VRV Ⅲ RXYQ8-48PY1C 型变频空调器不开机，遥控器显示故障代码"L4"，是由于变频器散热翅片温度上升所致。主要有以下 3 个方面的原因：

① 翅片热控开关动作（93℃以下动作）；

② 变频器 PC 板不良；

③ 翅片热敏电阻器不良。

5）大金 VRV Ⅲ RXYQ8-48PY1C 型变频空调器比较频繁出现的故障是不制冷，遥控器显示故障代码 "JR"，造成该机显示故障代码 "JR" 主要有如下 3 个方面的原因：

① 高压传感器系统不良；

② 低压传感器接错；

③ 室外机电脑板不良。

第28天 其他（康佳、春兰、奥克斯、志高、月兔、松下、统帅、长虹、科龙等）空调器维修实训面对面 ■

一、学习目标

今天主要学习康佳、春兰、奥克斯、志高、月兔、松下、统帅、长虹、科龙等品牌空调器的维修方法，通过今天的学习要达到以下学习目标：

1）了解康佳、春兰、奥克斯、志高、月兔、松下、统帅、长虹、科龙等空调器有哪些比较常见的故障？

2）掌握康佳、春兰、奥克斯、志高、月兔、松下、统帅、长虹、科龙等空调器常见故障的处理方法，特别是通病和典型故障的维修方法。

3）熟知康佳、春兰、奥克斯、志高、月兔、松下、统帅、长虹、科龙等空调器故障的分析和排除方法，以便实际维修中灵活运用，迅速排除故障。今天的重点就是要特别掌握这些空调器常见故障的处理方法，特别是通病和典型故障的维修方法，这是空调器维修中经常要用到的一种基本知识。

二、面对面学

（一）机型现象：康佳 KFR35GW 型空调器工作 5min 多就停机，面板无显示，遥控无效

检测修理：该故障应重点检查电源电路，具体检测整流开关电源模块 D1507-B001-Z1-0 是否损坏，相关资料如图 4-53 所示。

图4-53　开关电源模块D1507-B001-Z1-0

故障换修处理：换新开关电源模块 D1507-B001-Z1-0，即可排除故障。

（二）机型现象：春兰 RF28W/A 型 10P 空调器开机 1min 后热风停止，变成出冷风，且显示缺制冷剂故障

检测修理：首先察看 4 个阀门接头都很干净，没有油污，说明无漏制冷剂故障。于是把压力表接上，电流表卡上，然后开机，测得电流 13A，压力表 1.4MP，基本正常，说明室外机电脑板问题造成判断错乱，采用同型号室外机电脑板（WIS-43）代换试机，故障排除。相关资料如图 4-54 所示。

故障换修处理：更换损坏的室外机电脑板即可。

（三）机型现象：春兰 KFR-32GW 型分体壁挂式空调器压缩机刚起动就停机，不能正常工作

检测修理：据用户反映，此故障是在拆移时补充制冷剂后出现的。由此分析是加充的制冷剂过多或制冷剂循环系统中有空气，使管路内压力过高，压力开关 KP 动作。

故障换修处理：观察压缩机上有浮霜，用复合压力表测系统压力明显偏高。放掉系统中多余的制冷剂后试机，故障排除。

（四）机型现象：春兰 KFR-70LW/H2ds 型空调器不工作，显示故障代码"E2"

检测修理："E2"的含义为压缩机过电流保护，当压缩机工作电流在一定的范围内并保持相应的时间时，应立即保护。用万用表"×1k"档测量压缩机电容器正、反相电阻，看表针的变化情况，表针瞬间从最小值逐步向最大值移动，说明电容器是好的，若测量电容器阻值为 0 或 ∞，说明电容器是坏的。另外，观察电容器的外形有无变形、爆裂等现象。

故障换修处理：采用如图 4-55 所示春兰 50μF 压缩机起动电容器代换即可排除故障。

室外机电脑板

图4-54 WIS-43电脑板

（五）机型现象：春兰 KFR-20GW 型空调器能制冷，但感温不准，不能随室内温度的变化进行自动温控

检测修理：根据故障现象分析，是自动温控电路工作不正常。检查发现，温度传感器 TR2 的电阻值能随温度变化而改变，但变化的范围很小，灵敏度明显变差。相关资料如图 4-56 所示。

故障换修处理：更换新的温度传感器后试机，故障排除。

（六）机型现象：奥克斯 R32GW/EA 型空调器开机 3h，但是效果始终很差

检测修理：上门检查测发现出风口温度明显偏低，压力比正常制热压力低 0.5MPa 左右，经仔细检测电源电压、电动机、压缩机、感温传感器、显示板及电路板都正常，此时怀疑四通阀有问题，采取的方法就是转换制冷、制热模式的方法来初步判断是否是四通阀故障。

故障换修处理：在反复切换的同时发现换向不是很明显且制冷状态下出风口也明显偏低；另外在压缩机运行 3min 后，用手分别感受 E、S、C 三管温度（见图 4-57）E 管较热（大于 65℃）；S、C 管温度基本一致（小于 7℃）通过此两种方法的检查判定是四通阀换向不到位导致效果差的故障，更换新四通阀故障解除。

图4-55 春兰压缩机起动电容器　　　图4-56 春兰KFR-20GW型空调器电脑板

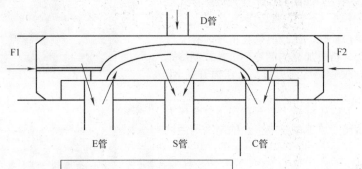

说明：
D管：高温高压气体由压缩机排气管来
E管：高温高压气体去室内机
C管：低温低压气体回到四通阀
S管：低温低压气体去压缩机

图4-57 四通阀E、S、C三管温度

（七）机型现象：奥克斯KFR46-LW/D（5）型空调器不制冷，压缩机运转正常，开机立刻制热

检测修理：经测得四通阀线圈阻值为1.5kΩ，拔下四通阀线柱，没有听到四通阀换向声，确定四通阀损坏。相关资料如图4-58所示。

故障换修处理：换新四通阀，即可排除故障。

（八）机型现象：志高KFR-35GW/ABP型空调器按开机键不工作，室外机面板上电源灯不亮

检测修理：该故障应重点检查通信电路，具体主要检测整流桥是否正常，方法如图4-59所示。

故障换修处理：换新损坏的整流桥，即可排除故障。

（九）机型现象：志高ZKFR-36GW/ED47/1E27A型空调器按遥控开机无反应

检测修理：该故障应重点检查遥控接收板接收头是否不良，相关资料如图4-60所示。

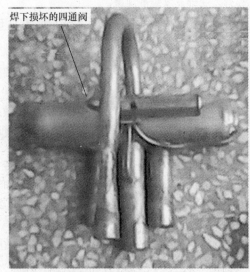

焊下损坏的四通阀

图4-58 奥克斯KFR46-LW/D（5）型空调器四通阀

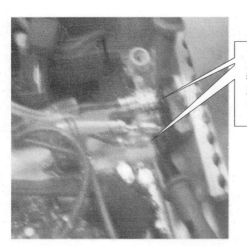

用万用表检测整流桥300V输出电压是否正常，若电压值不符，则说明整流桥已损坏

图4-59　检测通信电路整流桥300V输出电压

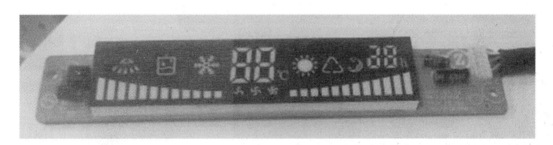

图4-60　志高ZKFR-36Gw/ED47/1E27A型空调器遥控接收板

故障换修处理：用万用表检测接收头引脚输入、输出电压是否正常，若不正常，则换新遥控接收头，即可排除故障。

（十）机型现象：志高 **KFR-51LW/E（E33A）型柜机按开机键不能开机**

检测修理：该故障应重点检查操作板按键电路电容器 C24 是否损坏，相关资料如图 4-61 所示。

故障换修处理：采用陶瓷 104 电容器代换后，空调器能正常开机。

（十一）机型现象：志高 **KFR-25GW/BP 型变频空调器室外机压缩机起动后升频，工作 1~2min 后自动停机，这时绿灯长亮，黄灯闪亮 3 次 / 8s**

检测修理：经查，指示灯的闪烁情况说明室内电控板过电流保护。重点检测功率模块输入端子的 1~15 排线焊点是否存在虚焊（因功率模块为高发热元器件），该排线为压缩机工作的 6 组驱动功率模块

电容器C24炸裂

图4-61　电容器C24相关资料

电压及一组采样电压输出端（15 号线为正极，直流负极公用），虚焊时会引起功率模块输出电压不稳定，导致压缩机电流异常。该机变频外板如图 4-62 所示。

故障换修处理：重新补焊功率模块输入端子的 1~15 排线焊点，即可排除故障。

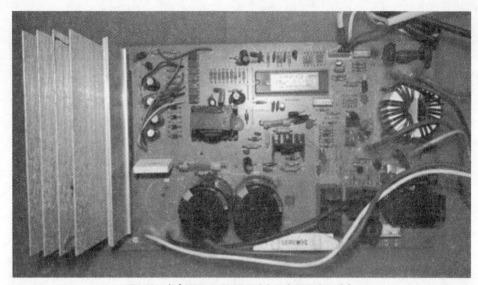

图4-62　志高KFR-25GW/BP型变频空调器变频外板

（十二）机型现象：奥克斯 **KFR-72LW/N-2** 型空调器开机 **10min** 左右之后，电加热继电器断开整机电流 **10A** 左右，然后电加热就一直不工作

检测修理：首先开机设定制热模式，用钳形电流表检测电加热起动整机电流 20A 左右，说明电脑板及加热电路正常。用万用表检测环境温度传感器阻值为 5kΩ，说明传感器也正常。进一步检查，发现该机更换过新的蒸发器，如图 4-63 所示，造成管温传感器位置改变导致电加热不工作。

故障换修处理：换回管温位置，即可排除故障。

（十三）机型现象：奥克斯 **KFR-51LW/BPSF-3** 型变频空调器显示面板显示故障代码"E5"，室外机主控板 LED 灯指示"闪→亮→亮"

检测修理：根据故障现象，对照该机型"室外机故障指示表"可确定为通信故障。用万用表的直流电压档黑表笔接室外端子板的 N 线，红表笔接通信线 S 线，看是否有 24V 左右的波动电压，或报故障代码"E5"后，拔下 CN4 插件测量是否有稳定的 24V 电压，如图 4-64 所示。

故障换修处理：若测得 CN4 插件 24V 电压正常，则可以判定是室外主控板故障，若测得无 24V 电压，则是室内控制器故障。更换相应的控制板，即可排除故障。

（十四）机型现象：月兔 **JXT-25DG-B2A** 型空调器起停频繁

检测修理：该机室内接线图如图 4-65 所示。首先检查电压是否正常，若电压正常，则检查室内、外机接线是否良好，如果重新调整接线头故障依旧，则检查传感器是否正常、保护器是否误动作，若传感器及保护器均正常，则说明主控板存在故障。

更换新的蒸发器后，造成管温位置改变，造成CPU误判，而关闭电辅加热功能

图4-63　管温传感器位置改变

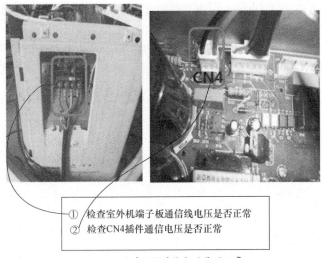

① 检查室外机端子板通信线电压是否正常

② 检查CN4插件通信电压是否正常

图4-64　检查24V通信电压是否正常

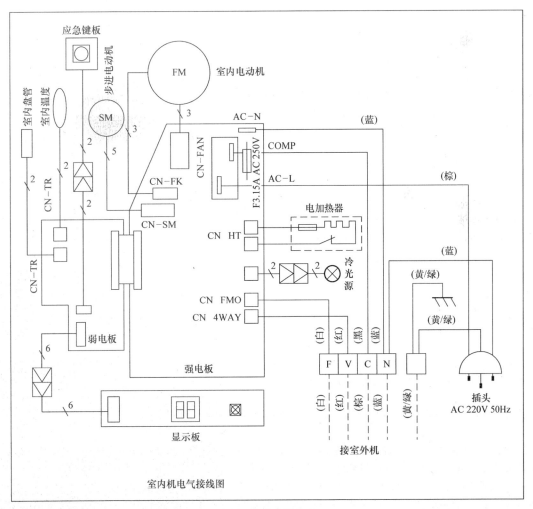

图4-65　室内接线图

故障换修处理：更换同型号主控板，即可排除故障。

（十五）机型现象：月兔 JXT-50DL-G1g 型空调器制热时 30min 左右停机，时间指示灯黄色大约闪动 6 次停 5s，且反复循环

检测修理：经查，测得电流 3A 左右，高压 1.7MPa，静态压力 0.7MPa，制热效果良好出风口温度 40℃左右，测得环温传感器 7kΩ，管温传感器 1.5kΩ 左右。怀疑故障是因管温传感器变异所致。该机相关电路资料如图 4-66 所示。

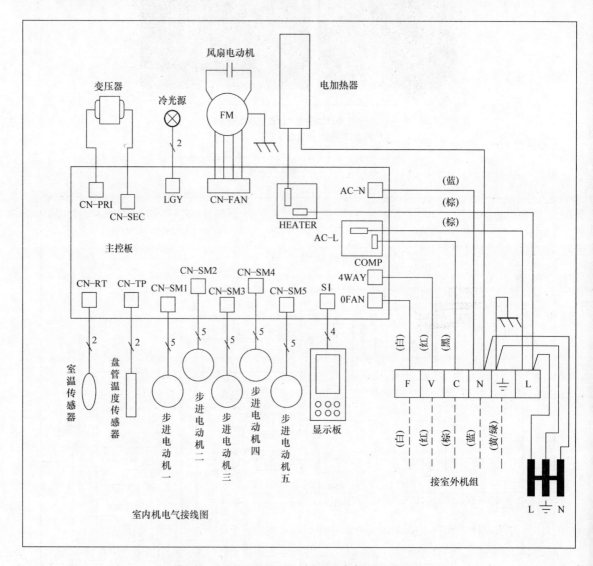

图4-66　月兔 JXT-50DL-G1g 型空调器室内机电气接线图

故障换修处理：采用一个 5kΩ 管温传感器代换后，故障排除。

（十六）机型现象：月兔 KFR-23GW/d1 型空调器开机制冷正常，但 20min 后室外机自动停止运行，室内机面板黄灯连续闪 4 下，按遥控器隔 3min 可重新开机，又可以工作 20min，然后又停机

检测修理：经查，黄灯闪烁 4 次为缺制冷剂保护故障，应检测温度传感器的直流电压是否正常，若温度传感器正常，则检查空调器是否缺制冷剂。该机电脑板编号为 YT23G/d1-A2C，如图 4-67 所示，供维修检测代换时参考。

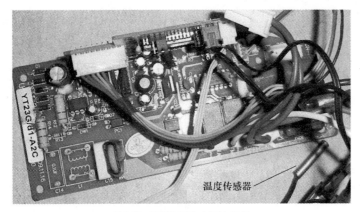

图4-67　YT23G/d1-A2C电脑板

故障换修处理：给空调器加制冷剂到规定值，即可排除故障。

（十七）机型现象：松下 CS903K 型空调器用遥控器无法开机

检测修理：先用同型号遥控器试机，故障依旧。进而换接收器，故障仍未排除。检测遥控器编号 A-B 转换开关 SW3 也未发现有漏电和接触不良等故障。故怀疑是时钟信号偏移所致，更换 4.00MHz 晶体振荡器，故障依旧。因而推测可能是 CPU（TMS73C45C78425Y）或是其外围元器件故障。先逐个检查其外围元器件，当检测到瓷片电容器 C11（0.01μF）时发现有严重的漏电现象。相关电路截图如图 4-68 所示。

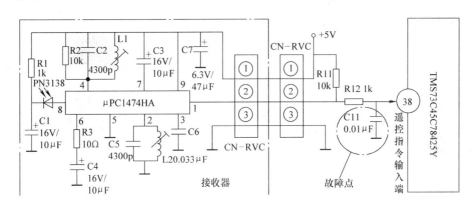

图4-68　瓷片电容器C11相关电路截图

故障换修处理：更换相同型号 C11 电容器试机，一切恢复正常。

（十八）机型现象：松下 CS/CU-G90KW 型变频空调器停止运行，显示故障代码"H19"

检测修理：经查，显示故障代码"H19"为室内风扇电动机电路异常。首先将空调器置于停止状态，用手拨动室内机风扇的叶片看是否转动自如，如果风扇叶片正常，则查看室内风扇电动机或室内电路控制板的连接器（CN-MTTR）是否接触不良。相关电路截图如图 4-69 所示。

故障换修处理：重新插接好连接器 CN-MTTR 后，看故障是依旧，若还是出现相同故障现象，则摘下室内机控制板的连接器 CN-MTTR，测量风扇电动机的绕组阻值是否正常（正常时 3 个接电端子均为 7Ω），若绕组阻值异常，则更换新的风扇电动机。

（十九）机型现象：松下 CS-C90KC 型空调器工作时室外机发出很大响声，刚开机短暂有冷气，但很快又不制冷

检测修理：首先检查室外机风叶是否转动，如果不转动，则说明电动机故障。于是拆下电动机，测量 3 条线电阻为 300~800Ω，转动轴时有阻力，反复几次可以转动，但响声较大，判断是轴承缺油。

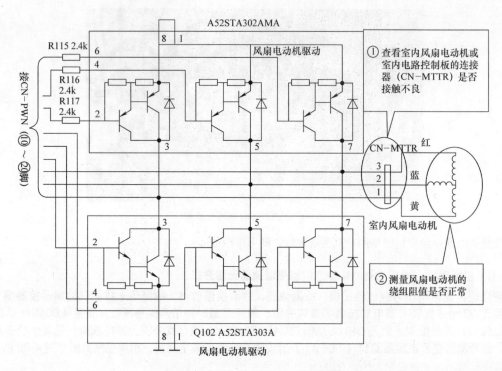

图4-69　连接器CN-MTTR相关电路截图

故障换修处理：该电动机型号为 EP-6B20CQLCP /6P/20W，拆开电动机外壳，确认为其中 1 个轴承故障，型号为 608V，到市面店修理电动机同时更换 2 个轴承，装机恢复正常使用。

（二十）机型现象：松下 HC10KB1 型空调器插电不开机，风扇就立即转动，开机制冷正常

检测修理：该故障应重点检查风扇电动机控制电路，具体检测室内机电脑板上风扇电动机控制继电器是否黏连或晶闸管击穿。该机风扇电动机控制继电器为固态继电器，如图 4-70 所示。

故障换修处理：更换相同规格风扇电动机控制继电器，即可排除故障。

（二十一）机型现象：松下 HC10KB1 型空调器制热模式下不工作，无热风吹出

检测修理：该故障首先检查压缩机是否缺制冷剂，若加氟后电压正常，而故障不变，则检查气液分离器是否脏堵。相关资料如图 4-71 所示。

故障换修处理：清洗或更换气液分离器，即可排除故障。

图4-70　松下 HC10KB1 型
空调器风扇电动机控制继电器

气液分离器下部结霜，有可能是脏堵所致

图 4-71 松下 HC10KB1 型空调器气液分离器

（二十二）机型现象：松下 **KF-25GW/ND1** 型空调器单独给室外机供电，运行正常不停机，接回原来线路开机 **2~3min** 室外机停机，停 **30~60s** 又自动开机，室内机运行，无故障代码，室外机停时能听到继电器吸合声

检测修理：首先检查应急开关按键 SW1 是否不良漏电，若拆除或代换应急开关后故障不变，则说明控制板存在故障。该机控制板如图 4-72 所示。

故障换修处理：采用相同型号控制板代换，一般可排除故障。

（二十三）机型现象：松下 **KF-25GW/09** 型空调器自动开机

检测修理：首先应对室内电脑板进行清洗，若故障不变，则检查应急按键是否不良。该机室内电脑板型号是 CS-C909KW，如图 4-73 所示。

应急开关

图4-72 松下KF-25GW/ND1型空调器控制板

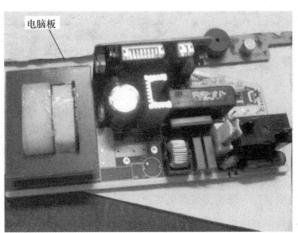

电脑板

图4-73 松下CS-C909KW电脑板

故障换修处理：代换应急按键，一般可排除故障。

（二十四）机型现象：**松下 CS-G120 型变频空调器接通电源开机后，室内机工作基本正常，但室外机不工作**

检测修理：该故障应重点测量开关电源 IC4 的 +14 V 和 +5V 直流电压是否正常，如果测量 IC4 输入端 14V 电压正常，而输出端无 +5V 直流电压，则说明 IC4 有可能已损坏。相关维修资料如图 4-74 所示。

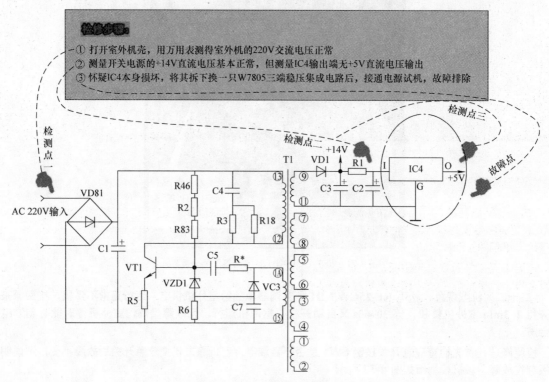

检修步骤：
① 打开室外机壳，用万用表测得室外机的220V交流电压正常
② 测量开关电源的+14V直流电压基本正常，但测量IC4输出端无+5V直流电压输出
③ 怀疑IC4本身损坏，将其拆下换一只W7805三端稳压集成电路后，接通电源试机，故障排除

图4-74　开关电源IC4相关截图

故障换修处理：卸下 IC4，采用一只 W7805 三端稳压集成电路代换，接通电源试机，故障排除。

（二十五）机型现象：**统帅 KFR-50W/0323T 型空调器制热模式下不工作，无热风吹出**

检测修理：该故障主要检查室外板、电路板是否上电（指示灯是否亮），如果指示灯亮，则说明室外机、电路板有可能存在故障。相关资料如图 4-75 所示。

故障换修处理：采用同型号室外板代换，即可排除故障。

（二十六）机型现象：**统帅 KFR-50LW/02DCF22T 型柜式空调器起动 2min 后自动停机，显示屏显示故障代码"E14"**

检测修理：首先排查风扇电动机端子 CN28 是否插接良好、风扇电动机绕组是否短路或开路，若均正常，则有可能是室内电脑板存在故障。该机室内电脑板如图 4-76 所示。

故障换修处理：代换同型号室内电脑板，即可排除故障。

（二十七）机型现象：**长虹 KFR-26GW/ZHW（W1-H）+2 型变频空调器在晚上关闭灯光后，未进入自动睡眠状态，表现为室内机风速没降，显示屏未熄灭**

检测修理：测试 MCU 引脚电压，发现不论是否将光敏二极管遮挡起来，电压都不变。仔细观察，发现光敏二极管 H207 装反。相关资料如图 4-77 所示。

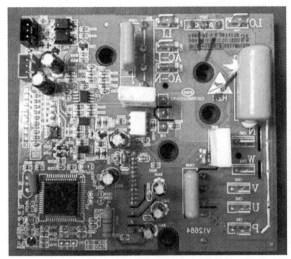

图4-75　统帅KFR-50W/0323T型空调器室外板　　　图4-76　统帅KFR-50LW/02DCF22T型空调器室内电脑板

故障换修处理：重焊光敏二极管 H207，即可排除故障。

（二十八）机型现象：长虹 **KFR-35GW/ZHW（W1-H）+2** 型变频空调器制冷开机，压缩机起动后又立即停机，**3min** 后又起动，压缩机刚起动一下，又停机了。压缩机停机时，室外风扇电动机又停了。如此周而复始，不断地起动和停机

检测修理：怀疑室外机主板控制板上压缩机继电器损坏。首先开机测试，听不到压缩机起动时继电器的吸合声。用手触摸了一下和压缩机继电器 K401 并联的 PTC 起动器外壳，发现外壳很烫，正常的是不烫的。于是判断是压缩机继电器未吸合造成的故障。该机压缩机软起动原理如图 4-78 所示。

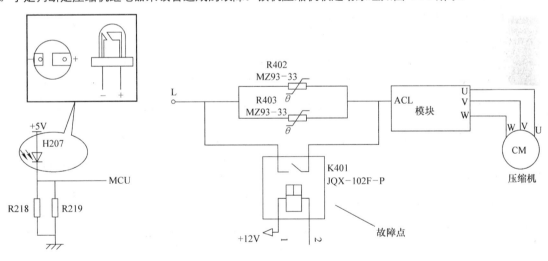

图 4-77　光敏二极管 H207　　　　　图 4-78　继电器 K401 相关电路截图
　　　相关电路截图

故障换修处理：该机压缩机起动继电器型号是 JQX-102F-P，更换相同型号继电器即可排除故障。

（二十九）机型现象：科龙 **KFR-60LW/BY** 型空调器显示屏不亮，开机制冷

检测修理：开机能制冷说明电脑板能正常接收和处理用户指令，故障在显示电路。该机显示电路如图 4-79 所示，采用 VFD 真空显示屏，显示条件包括：显示信号、交流灯丝电压、直流 −29.6V 电压。测插头 X223 的①、③脚之间几伏的交流电，说明灯丝电压正常。再测⑤脚对④脚为 0V，拔掉插头再测仍为 0V，

说明 –29.6V 电源有问题。

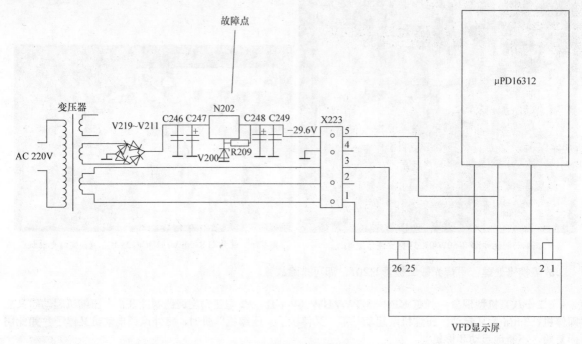

图4-79　N202稳压相关电路截图

故障换修处理：经查为 N202 稳压损坏，更换后，故障排除。

三、学后回顾

通过今天的面对面学习，对康佳、春兰、奥克斯、志高、月兔、松下、统帅、长虹、科龙等空调器的一些通病和典型故障都有了直观的了解和熟知，在今后的实际使用和维修中应回顾以下 3 点：

1）奥克斯 KFR-72LW/N-2 型空调器在更换新的蒸发器后，会改变管温位置，造成 CPU 误判而关闭电辅加热功能，导致出现电加热不工作的故障。检测修理时，如果在制热模式，用钳形电流表检测电加热起动整机电流 20A 左右，环境传感器阻值也正常，基本上可确定是因更换蒸发器造成管温位置改变所致。此时只需换回管温位置，即可排除电加热不工作故障。

2）月兔空调器出现起动频繁故障，主要原因是缺制冷剂或管温传感器变异所致。故障的排除方法是，给空调器加制冷剂到规定值，或更换 5k 管温传感器。

3）松下 CS-G120 型变频空调器出现室外机不工作故障，多为开关电源存在故障。该机开关电源电路主要由开关管 VT1、开关电源变压器 T1、三端稳压集成电路 IC4 等组成。此类故障比较常见，很多是因三端稳压集成电路 IC4 损坏所致。

一、坐店维修指导

1. 店面的选址及设计

开设一家空调器维修店，第一步要选择好地理位置，做好店面的设计，要做到合情合理，这一点非常重要。新的维修创业者，由于没有经验，往往第一步没走好，给后续的创业造成走很多弯路。店面的选址及设计，具体可参照如下6个方面。

1）可选址在住宅小区旁边，这样会有足够多的客户。

2）可选址在大的市场周边路段，这里进出的人多，便于人们送修。

3）可选址在城乡结合部，这里是农民进城的必经之地，便于农民兄弟送修。

4）店面一般不要选在繁华的闹市区（如步行街、大型超市旁），这些地方主要是购物、休闲场所，人们不会将空调器拿来送修，再者房租也太高增加成本。

5）维修空调器通常都是用户通过电话或者本人亲自来店里报修，维修师傅上门检修，不是特殊情况多数是在用户家里把故障修复，因此对店面的大小要求不高，若只单独坐店面不住人，一个单间20平方米左右就行。

6）店面前应横挂广告招牌，例如"XXX家电制冷设备维修部"，"主修家用空调器、电冰箱，兼修汽车空调器等"。注意把地址、联系电话、维修项目等标注清楚。让附近的客源都知道这个地方，明白这个店面是专门维修空调器的。

2. 收费标准

与其他家用电器一样，空调器的收费标准可分为在保期与超保期，在保期是维修者做品牌厂家的售后服务，厂方指定维修者的店面作其售后点，维修者与厂方签订售后服务合同，帮厂方维修其生产的品牌空调器故障，由厂方根据合同支付给维修者报酬。

新手经营空调器维修店，还没有营业经验，可参照表5-1所示收费标准收取维修费用。

表 5-1 空调器维修收费标准参照表

维修项目	1匹以下	1.5匹以下	2匹柜机	3匹柜机	5匹柜机	10匹柜机
	单位：人民币（元）					
检修清洗保养（次）	40	50	55	60	80	120
清洗冷凝器	50	50	60	70	80	120
更换风向叶片	60	60	80	90	100	130
更换导风电动机	60	70	80	80	90	130
更换室内风扇电动机电容器	60	70	80	80	90	130
更换室内贯流风叶	100	120	150	150	180	220
更换室内风扇电动机	140	160	180	180	200	260
更换蒸发器	170	180	140	150	180	230
更换微电脑控制板	180	200	260	300	360	460
更换遥控接收器	120	130	140	140	150	170
更换温度传感器	110	130	140	160	190	240

（续）

维修项目	1 匹以下	1.5 匹以下	2 匹柜机	3 匹柜机	5 匹柜机	10 匹柜机
	单位：人民币（元）					
更换拨动开关	40	50	50	50	60	80
更换室外排水管	50	50	50	50	60	70
更换室内排水管	100	100	50	50	90	100
更换室外连接纳子	60	70	80	90	110	200
更换室内连接纳子	100	110	80	90	120	210
更换低压阀门	170	180	190	200	250	340
更换高压阀门	160	170	180	190	230	320
更换毛细管	140	150	160	170	210	300
更换过滤器	140	150	170	180	240	390
更换冷凝器	160	170	180	190	250	340
更换室外风扇叶片	100	120	140	140	160	280
更换室外风扇电动机	160	170	180	190	220	320
更换室外风扇电动机电容器	60	70	90	100	120	170
更换室外控制板	150	150	160	160	200	390
更换过载保护器	70	70	80	80	120	180
更换变压器	80	80	90	90	130	210
更换接线器	50	50	60	60	100	150
更换压缩机电容器	80	110	130	150	170	210
清洗系统管路	150	180	190	220	300	450
更换交流接触器	80	80	90	170	240	340
更换热继电器	80	90	110	130	140	220
更换四通阀	190	190	230	250	350	470
室内、外机连接铜管（米）	80	90	100	150	180	面议
加国产制冷剂（压）	40	40	50	60	70	90
加进口制冷剂（压）	50	50	60	70	80	120
更换压缩机	260	270	300	330	520	850
更换室外继电器	80	80	80	90	120	180
更换功率模块	190	200	220	240	260	350
更换变频主控板	210	220	240	260	280	360
更换变频压缩机	290	300	320	350	530	860
更换变频压缩机电容器	170	180	190	200	220	250
更换液晶显示屏	120	130	150	170	200	240
更换变频室内电动机	180	190	210	230	270	300
更换变频室外电动机	190	200	220	240	280	320
补漏	120	120	130	150	180	240
打压	60	60	65	70	90	150
排空	70	70	75	80	100	170

3. 备件准备

经营空调器维修店，需要准备的备件应包括日常维修常用的易损件，以及一些用户用急需配件等。

（1）日常维修常用的易损件

对于易损的温度传感器、步进电动机、同步电动机、压缩机电容器、风扇电动机电容器、阀门等必须保持店面的货柜上总有合理的库存数量。如果本月已耗用数 / 上月结存数大于 50%，必须立刻补充适当比例的配件耗用数量。

表 5-2 所示为空调器日常维修常用的易损件规格型号，供新开空调器维修店人员进货做参考。

表 5-2　空调器日常维修常用的易损件规格型号

类型	配件名称	规格 / 型号	备注
压缩机	压缩机	QXR-RB164H235BBA（小底脚）	对于定速的压缩机，通用性较强，具体需要查询匹数和编码。对于变频压缩机，根本不存在通用的情况，代换时必须按对应编码
		QXR-RA205Z235AAA 01	
		日立 SHY33MC4-S	
		PH441X3CS-4MU1 美芝	
		JT160GABY1L 大金	
电动机	步进电动机	GDG13B1-04GP（GAL12A-BD）	导风用
	室内电动机	GAL030H40724-K01 GP	
		GAL019H40720-K01	
	室外风扇电动机	DQ01-14A[GAL6P26A-KWD]	挂机室外机用
电容器	起动电容器	35UF/450V（DQ11-51）	
	压缩机电容器	50UF/450V	
		30UF/450V	
电器	变压器	WDB48-168\DB-EI48-2685A	
	变压器组件（DQ16-24A）	GAL4824E-KDB-11A GP	
	变压器	GAL4824-KDB-12A	
	PTC 电加热组件	DQ23-36 220V/1100W	
	PTC 电加热管组件	DQ23-35 220V/1200W	
阀门	（高压截止阀）1/4 截止阀	DG03-12（DQ03-13）GP	1.5 匹、2 匹用
	（低压截止阀）1/2 截止阀	DG03-06 GP	
	四通阀	DG02-01（SHF-4/STF0101/DHF-5）	1 匹用
		DG02-02A GP	1.5 匹、2 匹用
		DG02-03（SHF-9）GP	3 匹用
		DG02-04（SHF-20A-46U\STF-0401）	5 匹用
		GDG02-01R GP	环保冷媒 1 匹用
		GDG02-02R GP	环保冷媒 1.5 匹室外机用
传感器	室内温度传感器	DQ13-60	定速挂机用
	室内盘管温度传感器	DQ13-25 B=3274（5K）	
	室外盘管传感器	DQ13-55 B=3274（5K）	定速挂 / 柜机用
	室内盘管温度传感器	DQ13-62 B=3274（5K）	老款定速柜机用
	管温传感器	DQ13-20	新款定速柜机用
	室内传感器组件	DQ13-10	变频挂机用
	室外传感器组件	DQ13-12	

（2）一些用户用急需配件

在维修用户空调器时，出现用户机配件店内缺货，特别是电控板、室内电动机、室外电动机、压缩机等主要性能件，应在维修时记录好准确的空调器型号及配件型号，以便立刻向本地电子配件城或从网络上购买。

4. 如何防止维修损失

检修空调器故障，不按规范操作、维修经验不足、疏忽大意不够细心，会进一步扩大故障范围，甚至烧坏空调器室内机或室外机，造成"越修越坏"，以致用户起诉要求赔偿，造成不必要的维修损失。

新开空调器维修从业人员应注意以下事项：

1）空调器在通电试机之前，应先检查各电源接线是否正确、机组是否无问题，方可插上电源试运行。空调器接线错误会导致烧控制板熔丝管，甚至烧坏室内机或室外机。

2）如果电脑板上只有熔丝管损坏，且熔丝管内壁有熏黑现象，则可能与室内、外电动机绕组短路，变压器绕组、四通阀线圈、电磁阀线圈故障有关，不可盲目更换熔丝管，一定要先确认电动机的好坏再进行更换。因电压过高、电流过大引起的熔丝管熔断从外表看只是熔丝熔断，不会有熏黑现象。另外，利用短路试验法检查空调系统的控制电路时应注意，如果是电路的熔丝管熔断，不能用导线短接。为防止损坏用电装置或电气元器件，一定要在查清熔丝管的熔断原因并加以排除后，再更换规格相同的熔丝管，以免造成更大的故障。

3）更换功率模块时，切不可将新的模块接近有磁场或带静电的物体，特别是信号端子的插口，否则极易引起模块内部击穿，导致无法使用，并且需在功率模块的散热板上涂上硅胶，确保固定螺钉紧固好，有利于散热。

4）对于滤波电容器，若测量之前电容器不放电，带电测量会损坏仪表；并且滤波电容器有正、负之分，当维修人员更换电容器时不要将正、负极搞反，否则会造成电容器击穿，造成事故。

5）维修后，务必检查室内机的排水状况，不当的排水设备会使水进入房间而弄湿地板或家具。

另外，在承接空调器维修业务时，有必要与客户签订维修合同，合同中要明确维修项目及工时费用、保修日期、有可能造成的连带故障等，这样可以保护客户以及自身的合法利益，在一定程度可防止维修损失。

二、上门维修指导

1. 上门维修工具包、备件

上门维修空调器，需要携带的工具包应该齐全，否则可能遇到空调器故障因为缺少工具或备件，无法进行空调器维修工作，耽误了宝贵时间，导致客户反感，也会因此丢了生意。

上门维修空调器需要携带的工具包见表5-3。需要携带的备件主要有交流接触器、传感器、继电器、扩口螺母、长尺配管、四通阀、截止阀、电加热管、变压器等。

2. 应急维修规避技巧

上门维修受客观条件限制，同样的故障可能维修难度要比在店里要大得多，所以一定要对维修失败做好充分准备，有必要掌握一些应急维修规避技巧。

（1）利用应急修理法排除故障

应急修理法就是通过暂时取消某部分电路或某个元器件进行修理的一种方法。比如，维修因浪涌继电器异常导致室内风扇不转故障时，若手头没有此类继电器，可以用为电加热器供电回路的继电器来更换，达到排除故障的目的；再比如，在检修压敏电阻器短路仪器熔断器熔断故障时，因市电电压正常时压敏电阻器无作用，所以维修时若手头没有该元件，可不安装它，并更熔断器即可排除故障。

利用应急修理法，还可以通过代换元器件等方法，解决上门维修受客观条件困惑问题，有些故障通过此方法维修后，会出现一些与原机不一致的现象（例如，显示上出现差异），但只要能排除故障，空调器能正常工作，急用户所急，与用户沟通解释，待手头有故障配件时再次上门更换，一般不会引起用户反感。

表 5-3　上门维修工具包

工具名称	说明	工具名称	说明
万用表	1 块	钳形电流表	1 块
电烙铁	20W、100W、300W 各 1 把	修理阀	三通修理阀或复式修理阀 1 套（常用）
电动空心钻	用以打墙孔（小孔径可用冲击钻）、钻头选用 70mm、80mm 两种规格	低压测电笔	1 支
活扳手	200mm、300mm 各 1 把	扳手	14mm、17mm、19mm、27mm 各 1 把
套筒扳手	1 套	内六角扳手	4mm 共 1 把
方榫扳手	1 套	钢丝钳	200mm 共 1 把
尖嘴钳	150mm 共 1 把	十字螺钉旋具	100mm、150mm、200mm 各 1 把
一字螺钉旋具	75mm、150mm、200mm 各 1 把	整形锉	1 套
锉刀	圆、平、三角形 200~300mm 各 1 把	手弓钢锯	1 把（常用）
手枪钻	配 2~10mm 钻头 1 把	冲击钻	配 6~12mm 钻头 1 把
剪刀	1 把	锤子	铁锤、木锤、橡皮锤各 1 把
卡钳	1 个	钢卷尺	3~5m 共 1 个
温度计	-20~50℃共 2 只	ADS-2 便携式焊具	套装
制冷剂	R22、R410a 若干瓶	真空泵	1 台

（2）与客户交流的方法与技巧

上门维修，面对的客户各种各样，每个客户的文化素质及当时心理状况都是所不能提前预料的。当维修人员只身到客户家中时，自己本身就呈现弱势，一旦与客户发生纠纷自己形势孤立。这就要求维修员会察言观色，通过与客户简单交谈了解他的品行修养，对个别刁蛮客户态度要不卑不亢，甚至可以找借口脱身免去与其纠缠。即使与客户产生小摩擦也要以"和为贵，忍为高"的原则来处理，不要僵持下去。

最易产生的纠纷主要有维修价格、预期效果、维修失利等方面。维修员一定要通过用户口述空调器的故障现象，判断大概故障部位后就价格予以估算，并先告知客户可能最高的维修金额，让客户有一个心理准备。价格达成一致再拆机维修。如果不拆机一时不能判断维修费用，最迟也要在动手更换元器件前就费用问题与客户达成一致。

有些空调器使用年限较长，虽然用户报修的仅是一种故障，但实际该空调器由于"年事已高"，已是"百病缠身"。如果维修员在接修时不对空调器修复完毕的预期效果提前告知客户，而对客户做了过高的承诺，都容易产生不好的效果。一定要把一些不太理想的效果都提前告知，尤其是空调器制冷、制热效果等，千万不要轻易承诺修复后效果会如何如何，如果修复后没有达到承诺标准，客户不依不饶将会很难收场。

尽量不要在用户家"恋战"，以免造成用户对自己的维修水平不信任，而产生矛盾。若经过长时间维修，故障仍然无法排除，必要时约好再次登门维修，利用这个时间查找资料准备元器件。

三、随身资料准备

1. 主芯片 MC68075R3 引脚功能（见表 5-4）及参考应用电路（见图 5-1）

表 5-4　主芯片 MC68075R3 引脚功能

引脚序号			引脚定义	引脚功能	备注
40 引脚封装	42 引脚封装	44 引脚封装			
㊱	㊲	①	PA3	端口 A3	
㊲	㊳	②	PA4	端口 A4	
㊳	㊴	③	PA5	端口 A5	
㊴	㊵	④	PA6	端口 A6	
㊵	㊶	⑤	PA7	端口 A7	
	①	⑥	VSS	地	
	②	⑦	VSS	地	
②	③	⑧	$\overline{\text{RESET}}$	复位	
③	④	⑨	$\overline{\text{IRQ}}$	中断触发	
④	⑤	⑩	VDD	电源	
⑤	⑥	⑪	OSC1	振荡器 1	
⑥	⑦	⑫	OSC2	振荡器 2	
⑦	⑧	⑬	VPP	电源	
⑧	⑨	⑭	TIMER	定时器	
⑨	⑩	⑮	PC0	端口 C0	
⑩	⑪	⑯	PC1	端口 C1	
⑪	⑫	⑰	PC2	端口 C2	
⑫	⑬	⑱	PC3	端口 C3	
⑬	⑭	⑲	PC4	端口 C4	
⑭	⑮	⑳	PC5	端口 C5	
⑮	⑯	㉑	PC6	端口 C6	MC68HC06SR3 为微处理器，采用 40 引脚 PDIP、42 引脚 SDIP、44 引脚 QFP。本表同时适用于微处理器 MC68HC705SR3CP
⑯	⑰	㉒	PC7	端口 C7	
⑰	⑱	㉓	PC7	端口 D7	
⑱	⑲	㉔	PD6/$\overline{\text{IRQZ}}$	端口 D6/ 中断触发	
⑲	⑳	㉕	PD5/$\overline{\text{VRH}}$	端口 D5/ 转换器参考电压（高）	
⑳	㉑	㉖	RD4/$\overline{\text{VRL}}$	端口 D4/ 转换器参考电压（低）	
㉑	㉒	㉗	PD3/AN3	端口 D3/ADC 模拟输入 3	
㉒	㉓	㉘	PD2/AN2	端口 D2/ADC 模拟输入 2	
㉓	㉔	㉙	PD1/AN1	端口 D1/ADC 模拟输入 1	
㉔	㉕	㉚	PD0/AN0	端口 D0/ADC 模拟输入 0	
㉕	㉖	㉛	PB0	端口 B0	
①		㉜	VSS	地	
		㉝	VDD	电源	
	㊷	㉞	NC	空引脚	
㉖	㉗	㉟	PB1	端口 B1	
㉗	㉘	㊱	PB2	端口 B2	
㉘	㉙	㊲	PB3	端口 B3	
㉙	㉚	㊳	PB4	端口 B4	
㉚	㉛	㊴	PB5	端口 B5	
㉛	㉜	㊵	PB6	端口 B6	
㉜	㉝	㊶	PB7	端口 B7	
㉝	㉞	㊷	PA0	端口 A0	
㉞	㉟	㊸	PA1	端口 A1	
㉟	㊱	㊹	PA2	端口 A2	

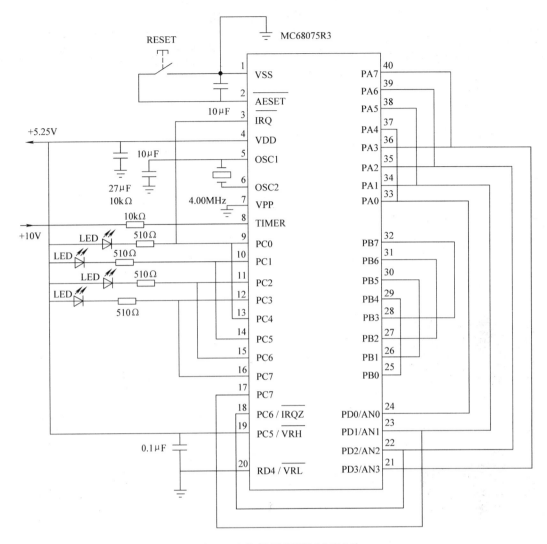

图5-1　主芯片MC68075R3应用电路

2. 主芯片 μPD780021 引脚功能（见表 5-5）及参考应用电路（见图 5-2）

表 5-5　主芯片 μPD780021 引脚功能表

引脚序号	引脚定义	引脚功能	引脚序号	引脚定义	引脚功能
1	P40/AD0	电加热	8	P47/AD7	端口 4/ 地址与数据总线（具体机型未用）
2	P41/AD1	背光源	9	P50/A8	红色发光条
3	P42/AD2	摇摆、空气清新	10	P51/A9	红色发光条
4	P43/AD3	高风	11	P52/A10	端口 5/ 地址总线（具体机型未用）
5	P44/ADR	中风	12	P53/A11	LED0
6	P45/AD5	低风	13	P54/A12	LED1
7	P46/AD6	微风	14	P55/A13	LED2

（续）

引脚序号	引脚定义	引脚功能	引脚序号	引脚定义	引脚功能
15	P56/A14	LED3	40	P11/ANI1	端口 1/ 模拟输入（具体机型未用）
16	P57/A15	LED4	41	P10/ANI0	端口 1/ 模拟输入（具体机型未用）
17	VSSO	地（电源）	42	AVREF	参考电压 +5V
18	VDDO	电源（+5V 电源）	43	AVDD	+5V 电源（AD 采样）
19	P30	室内风扇温度熔丝	44	RESET	复位
20	P31	制冷测试	45	XT2	晶体振荡器
21	P32	制热测试	46	XT1	晶体振荡器
22	P33	快检	47	IC（VPP）	内部连接（接 VSS0）
23	P34	PCB 自检	48	X2	晶体振荡器（8.38MHz）
24	P35/SO31	端口 P/ 串行输出（具体机型未用）	49	X1	晶体振荡器（8.38MHz）
25	P36/SCK31	端口 3/ 串行时钟（具体机型未用）	50	VSS1	地（电源）
26	P20/SI30	与开关面板通信输入	51	P00/INTP0	遥控接收
27	P21/S030	与开关面板通信输出	52	P01/INTP1	过零检测
28	P22/SCK30	通信时钟输出	53	P02/INTP2	风速检测
29	P23/RXDO	与室外板通信输出	54	P03/INTP3/ADTRG	端口 0/ 外部中断输入 /AD 触发输入（具体机型未用）
30	P24/TXDO	与室外板通信输出	55	P70/TI00/TO0	端口 7/ 定时器输入 / 定时器输出（具体机型未用）
31	P25/ASCKO	端口 2/ 异步串行时钟（具体机型未用）	56	P71/TI01	端口 7/ 定时器输入（具体机型未用）
32	VDD1	+5V（电源正）	57	P72/TI50/TO51	端口 7/ 定时器输入 / 定时器输出（具体机型未用）
33	AVSS	地（AD 采样）	58	P73/TI51/TO51	端口 7/ 定时器输入 / 定时器输出（具体机型未用）
34	P17/ANI7	室内蒸发器温度	59	P74/PCL	端口 7/ 可编程时钟（具体机型未用）
35	P16/ANI6	室内房间温度	60	P75/BUZ	端口 7/ 蜂鸣器时钟（具体机型未用）
36	P15/ANI5	端口 1/ 模拟输入（具体机型未用）	61	P64/RD	端口 6/ 读选通（具体机型未用）
37	P14/ANI4	端口 1/ 模拟输入（具体机型未用）	62	P65/WR	端口 6/ 写选通（具体机型未用）
38	P13/ANI3	端口 1/ 模拟输入（具体机型未用）	63	P66/WAIT	端口 6/ 等待（具体机型未用）
39	P12/ANI2	端口 1/ 模拟输入（具体机型未用）	64	P67/ASTB	端口 6/ 地址选通（具体机型未用）

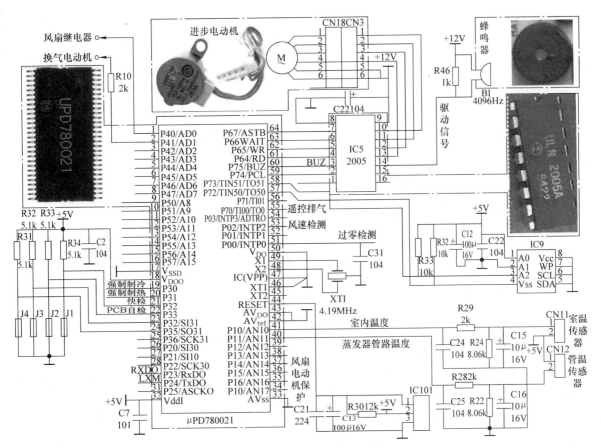

图5-2　主芯片 μPD780021参考应用图

3. 主芯片 TMP87C809 引脚定义（见图 5-3）及应用参考电路（见图 5-4）

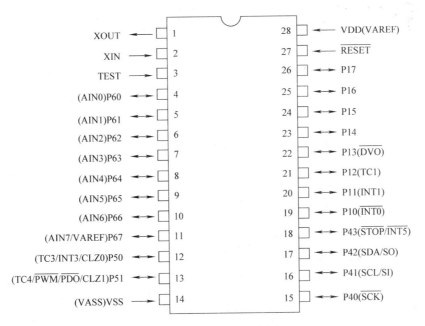

图5-3　主芯片TMP87C809引脚定义

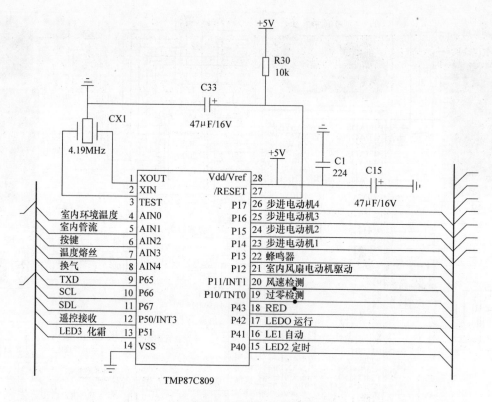

图5-4 TMP87C809应用参考电路

4. 主芯片 μPD78F9189CT 引脚定义（见图 5-5）和引脚功能（见表 5-6）

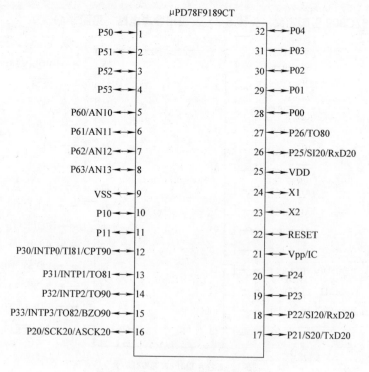

图5-5 主芯片 μPD78F9189CT引脚定义

表 5-6　主芯片 μPD78F9189CT 引脚功能

引脚序号	引脚定义	引脚功能
1~4	P50~P53	室内机 4 相 8 拍风摆电动机的脉冲输出控制端
5	P60/AN10	接变频空调器应急起停开关，每输出一个脉冲，步进电动机就转动一个步距角，通过 CPU 的内部控制程序可以实现对步进电动机的复位、转向、步距进行控制，使送风位置能方便调节，满足用户对不同送风方式的要求
6	P61/AN11	外接室内机的环境温度传感器，用于检测空调器场合的环境温度
7	P62/AN12	外接室内机的盘管温度传感器，用于检测空调器室内机的盘管温度
8	P63/AN13	外接室外机的盘管温度传感器，用于检测空调器室外机的盘管温度
9	VSS	接地
10	P10	室外机供电继电器引脚
11	P11	室外机供电继电器引脚
12、26、28~32	P30/INTPO/T181/CPT90、P25/SI20/RxD20、P00~P04	连接室内机控制面板的线路。包含数码管显示位的发光二极管的控制电平；时钟信号：CLK；数据通信：DATA；电源：+5V；地；遥控接收头信号：REC
13	P31/INTP1/TO81	室内机辅助制暖（热）电热管控制继电器引脚（线圈工作电压 DC 12V，工作电流 AC 10A，工作电压 AC 250V）
14	P32/INTP2/TO90	过零检测端口
15	P33/INTP3/TO82/BZO90	室内风扇电动机的风速反馈信号输入端
16	P20/SCK20/ASCK20	风扇电动机风速控制端
17	P21/SO20/TxD20	通信电路信号发送端
18	P22/SI20/RxD20	通信电路信号接收端
19	P23	存储器数据控制信息端
20	P24	存储器数据通信端
21、25	Vpp/IC、VDD	工作电源引脚，是保障 CPU 能正常工作的条件之一
22	RESET	复位端
23、24	X2、X1	接外部晶体振荡器
27	P26/TO80	蜂鸣器控制端

5. 主芯片 MB89470S、MB89P4075 引脚功能（见表 5-7）及内部框图（见图 5-6）

表 5-7　主芯片 **MB89470S、MB89P4075** 引脚功能

引脚号	引脚定义	引脚功能	备注
1	VSS	电源	
2	C	连接电容器	
3	P40/X0A	通用输入端子	
4	P41/X1A	通用输入端子	
5	P17/TO2	通用输入 / 输出端子	
6	P16/EC2	通用输入 / 输出端子	
7	P15/TO1	通用输入 / 输出端子	
8	P14/EC1	通用输入 / 输出端子	
9	P13/INT13	通用输入 / 输出端子	
10	P12/INT12	通用输入 / 输出端子	
11	P11/INT11	通用输入 / 输出端子	
12	P10/INT10	通用输入 / 输出端子	
13	P07/AN7	通用输入 / 输出端子	
14	P06/AN6	通用输入 / 输出端子	
15	P05/AN5	通用输入 / 输出端子	
16	P04/AN4	通用输入 / 输出端子	
17	P03/AN3	通用输入 / 输出端子	
18	P02/AN2	通用输入 / 输出端子	
19	P01/AN1	通用输入 / 输出端子	
20	P00/AN0	通用输入 / 输出端子	
21	AVSS	模拟电路电源	
22	AVCC	模拟电路电源	
23	P54/INT24	通用输入 / 输出端子	该集成电路为 8 位微控制器，图 5-1 所示为其内部框图
24	P53/INT23	通用输入 / 输出端子	
25	P52/INT22	通用输入 / 输出端子	
26	P51/INT21	通用输入 / 输出端子	
27	P50/INT20	通用输入 / 输出端子	
28	P36	N 通道断开引流输出	
29	P35	N 通道断开引流输出	
30	P34	N 通道断开引流输出	
31	P33	N 通道断开引流输出	
32	P32	N 通道断开引流输出	
33	P31	N 通道断开引流输出	
34	P30/BUZ	通用输入 / 输出端子	
35	P27/SCK2	通用输入 / 输出端子	
36	P26/SO2	通用输入 / 输出端子	
37	VCC	电源	
38	P25/S12	通用输入 / 输出端子	
39	P24/PWM	通用输入 / 输出端子	
40	P23/PWC	通用输入 / 输出端子	
41	P22/SI1	通用输入 / 输出端子	
42	P21/SO1	通用输入 / 输出端子	
43	P20/SCK1	通用输入 / 输出端子	
44	RST	复位信号输入 / 输出	
45	P42	通用输入 / 输出端子	
46	MODE	设置记忆存取模式的输入	
47	X0	连接晶体振荡器或其他振荡器	
48	X1	连接晶体振荡器或其他振荡器	

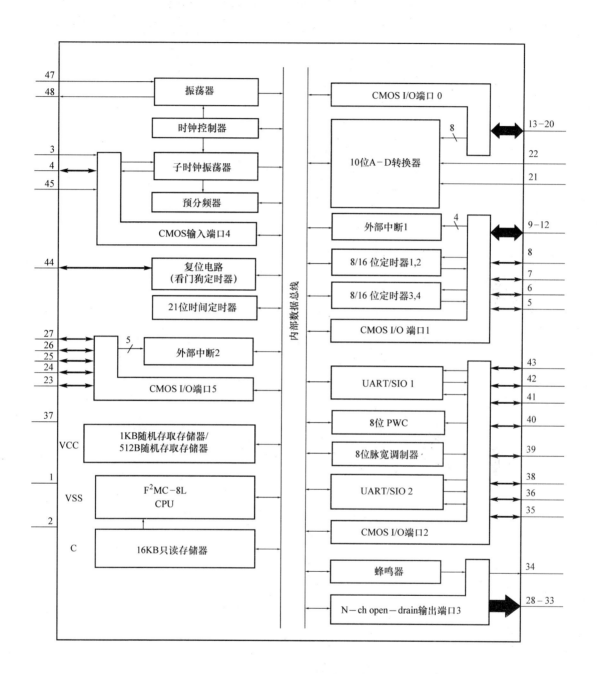

图5-6　MB89470S、MB89P4075内部框图

6. PM50CSD060 智能功率模块引脚功能（见表5-8）、外形及内部结构（见图5-7）。

表 5-8　PM50CSD060 智能功率模块引脚功能

引脚号	引脚定义	引脚功能	备注
1	V_{UPC}	U 相上桥臂驱动电源的接地端	
2	UF_O	U 相上桥臂保护信号输出端	
3	U_P	U 相上桥臂控制信号输入端	
4	V_{UPI}	U 相上桥臂驱动电源正极的输入端	
5	V_{VPC}	V 相上桥臂驱动电源的接地端	
6	VF_O	V 相上桥臂保护信号输出端	
7	V_P	V 相上桥臂控制信号输入端	
8	V_{VPI}	V 相上桥臂驱动电源正极的输入端	
9	V_{WPC}	W 相上桥臂驱动电源的接地端	PM50CSD060 为变频功率模块，参数为 50 A/600V。B、W、V、U 与变频压缩机绕组连接，P、N 端与直流供电电路连接
10	WF_O	W 相上桥臂保护信号输出端	
11	W_P	W 相上桥臂控制信号输入端	
12	V_{WPI}	W 相上桥臂驱动电源正极的输入端	
13	V_{NC}	三相下桥臂公用驱动电源的接地端	
14	V_{NI}	三相下桥臂公用驱动电源正极的输入端	
15	NC	空引脚	
16	U_N	U 相下桥臂控制信号输入端	
17	V_N	V 相下桥臂控制信号输入端	
18	W_N	W 相下桥臂控制信号输入端	
19	F_O	下桥臂保护信号输出端	

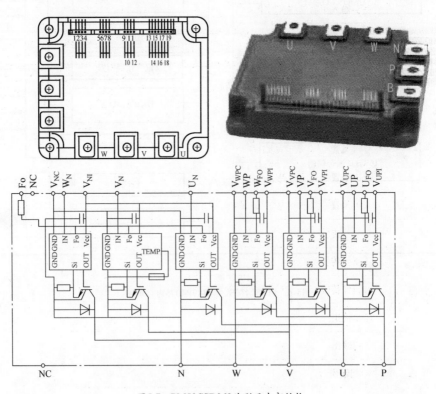

图5-7　PM50CSD060外形及内部结构

7. FSBB20CH60 智能模块引脚功能（见表 5-9）、外形及内部结构（见图 5-8）

表 5-9　**FSBB20CH60 智能模块引脚功能**

引脚号	引脚定义	引脚功能	备注
1	$V_{CC(L)}$	低侧公共偏置电压（为 IC 和 IGBT 驱动）	
2	COM	公共电源地	
3	$IN_{(UL)}$	信号输入（为低侧 U 相）	
4	$IN_{(VL)}$	信号输入（为低侧 V 相）	
5	$IN_{(WL)}$	信号输入（为低侧 W 相）	
6	V_{FO}	故障输出	
7	C_{FOD}	电容器（为故障输出持续时间选择）	
8	C_{SC}	电容器（低通滤波器，为短路电流检测输入）	
9	$IN_{(UH)}$	信号输入（为高侧 U 相）	
10	$V_{CC(UH)}$	高侧偏置电压（为 U 相 IC）	
11	$V_{B(U)}$	高侧偏置电压（为 U 相 IGBT 驱动）	
12	$V_{S(U)}$	高侧偏置电压地（为 U 相 IGBT 驱动）	
13	$IN_{(VH)}$	信号输入（为高侧 V 相）	FSBB20CH60 是由飞兆半导体公司推出的智能功率模块，在紧凑的 Mini-DIP 封装（44mm×26.8mm）中集成了 3 个高压 IC（HVIC）、1 个低压 IC（LVIC）、6 个 IGBT 和 6 个快恢复二极管（FRD）。这个模块之所以具有高可靠性，是因为它将经全面测试互相匹配的 HVIC 和 IGBT，以及具有欠电压锁定功能和短路保护功能的模块集于一体
14	$V_{CC(VH)}$	高侧偏置电压（为 V 相 IC）	
15	$V_{B(V)}$	高侧偏置电压（为 V 相 IGBT 驱动）	
16	$V_{S(V)}$	高侧偏置电压地（为 V 相 IGBT 驱动）	
17	$IN_{(WH)}$	信号输入（为高侧 W 相）	
18	$V_{CC(WH)}$	高侧偏置电压（为 W 相 IC）	
19	$V_{B(W)}$	高侧偏置电压（为 W 相 IGBT 驱动）	
20	$V_{S(W)}$	高侧偏置电压地（为 W 相 IGBT 驱动）	
21	N_U	负直流传输线输入（为 U 相）	
22	N_V	负直流传输线输入（为 V 相）	
23	N_W	负直流传输线输入（为 W 相）	
24	U	U 相输出	
25	V	V 相输出	
26	W	W 相输出	
27	P	正直流传输线输入	

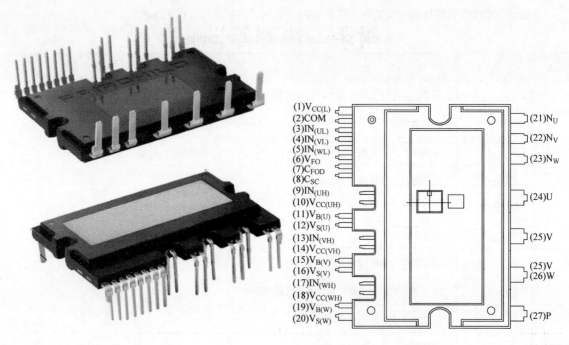

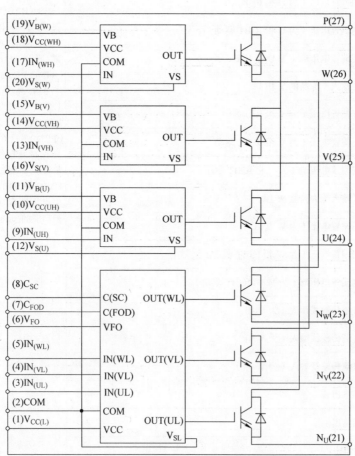

图5-8　FSBB20CH60外形及内部结构

附录　维修笔记

1. 维修＿＿＿＿＿＿品牌＿＿＿＿＿＿型号机时，修后笔记：

＿＿＿＿＿＿＿＿＿＿＿＿＿＿＿＿＿＿＿＿＿＿＿＿＿＿＿＿＿＿＿＿

2. 维修＿＿＿＿＿＿品牌＿＿＿＿＿＿型号机时，修后笔记：

＿＿＿＿＿＿＿＿＿＿＿＿＿＿＿＿＿＿＿＿＿＿＿＿＿＿＿＿＿＿＿＿

3. 维修＿＿＿＿＿＿品牌＿＿＿＿＿＿型号机时，修后笔记：

＿＿＿＿＿＿＿＿＿＿＿＿＿＿＿＿＿＿＿＿＿＿＿＿＿＿＿＿＿＿＿＿

4. 维修＿＿＿＿＿＿品牌＿＿＿＿＿＿型号机时，修后笔记：

＿＿＿＿＿＿＿＿＿＿＿＿＿＿＿＿＿＿＿＿＿＿＿＿＿＿＿＿＿＿＿＿

5. 维修＿＿＿＿＿＿品牌＿＿＿＿＿＿型号机时，修后笔记：

＿＿＿＿＿＿＿＿＿＿＿＿＿＿＿＿＿＿＿＿＿＿＿＿＿＿＿＿＿＿＿＿

6. 维修＿＿＿＿＿＿品牌＿＿＿＿＿＿型号机时，修后笔记：

＿＿＿＿＿＿＿＿＿＿＿＿＿＿＿＿＿＿＿＿＿＿＿＿＿＿＿＿＿＿＿＿

7. 维修＿＿＿＿＿＿品牌＿＿＿＿＿＿型号机时，修后笔记：

＿＿＿＿＿＿＿＿＿＿＿＿＿＿＿＿＿＿＿＿＿＿＿＿＿＿＿＿＿＿＿＿

8. 维修＿＿＿＿＿＿品牌＿＿＿＿＿＿型号机时，修后笔记：

＿＿＿＿＿＿＿＿＿＿＿＿＿＿＿＿＿＿＿＿＿＿＿＿＿＿＿＿＿＿＿＿

9. 维修＿＿＿＿＿＿品牌＿＿＿＿＿＿型号机时，修后笔记：

＿＿＿＿＿＿＿＿＿＿＿＿＿＿＿＿＿＿＿＿＿＿＿＿＿＿＿＿＿＿＿＿

10. 维修＿＿＿＿＿＿品牌＿＿＿＿＿＿型号机时，修后笔记：

＿＿＿＿＿＿＿＿＿＿＿＿＿＿＿＿＿＿＿＿＿＿＿＿＿＿＿＿＿＿＿＿

11. 维修＿＿＿＿＿＿品牌＿＿＿＿＿＿型号机时，修后笔记：

＿＿＿＿＿＿＿＿＿＿＿＿＿＿＿＿＿＿＿＿＿＿＿＿＿＿＿＿＿＿＿＿

12. 维修＿＿＿＿＿＿品牌＿＿＿＿＿＿型号机时，修后笔记：

＿＿＿＿＿＿＿＿＿＿＿＿＿＿＿＿＿＿＿＿＿＿＿＿＿＿＿＿＿＿＿＿